普通高等教育"十三五"规划教材

服务外包产教融合系列教材

主编 迟云平　副主编 宁佳英

CC2530单片机
项目式教程

● 主　编　刘雪花

华南理工大学出版社
SOUTH CHINA UNIVERSITY OF TECHNOLOGY PRESS

·广州·

内 容 简 介

本书经过系统化设计，按照"项目导向、任务驱动"原则，遵循"教学做合一"教学理念，注重教学的实用性，为应用型本科、高等职业院校的专业教材。

本书共分为 2 大部分、10 个项目、26 个任务，涵盖了 CC2530 单片机的通用 IO 口、外部中断、串口、定时器、电源与时钟、看门狗、传感器、近距离通信等内容，实现了知识、技能和素质的有机结合。

图书在版编目 (CIP) 数据

CC2530 单片机项目式教程/刘雪花主编 . —广州：华南理工大学出版社，2019. 8 (2021. 6 重印)

（服务外包产教融合系列教材/迟云平主编）

ISBN 978 - 7 - 5623 - 5969 - 2

Ⅰ. ①C⋯　Ⅱ. ①刘⋯　Ⅲ. ①单片微型计算机 - 教材　Ⅳ. ①TP368. 1

中国版本图书馆 CIP 数据核字 (2019) 第 079447 号

CC2530 单片机项目式教程

刘雪花　主编

出 版 人：卢家明

出版发行：华南理工大学出版社

　　　　（广州五山华南理工大学 17 号楼，邮编 510640）

　　　　http://www.scutpress.com.cn　E-mail：scutc13@ scut.edu.cn

　　　　营销部电话：020 - 87113487　87111048（传真）

总 策 划：卢家明　潘宜玲

执行策划：詹志青

责任编辑：刘　锋　欧建岸

印 刷 者：佛山市浩文彩色印刷有限公司

开　　本：787mm×1092mm　1/16　印张：18　字数：461 千

版　　次：2019 年 8 月第 1 版　2021 年 6 月第 2 次印刷

定　　价：46.00 元

"服务外包产教融合系列教材"
编审委员会

总　序

　　发展服务外包，有利于提升我国服务业的技术水平、服务水平，推动出口贸易和服务业的国际化，促进国内现代服务业的发展。在国家和各地方政府的大力支持下，我国服务外包产业经过 10 年快速发展，规模日益扩大，领域逐步拓宽，已经成为中国经济增长的新引擎、开放型经济的新亮点、结构优化的新标志、绿色共享发展的新动能、信息技术与制造业深度整合的新平台、高学历人才集聚的新产业，基于互联网、物联网、云计算、大数据等一系列新技术的新型商业模式应运而生，服务外包企业的国际竞争力不断提升，逐步进入国际产业链和价值链的高端。服务外包产业以极高的孵化、融合功能，助力我国航天服务、轨道交通、航运、医药、医疗、金融、智慧健康、云生态、智能制造、电商等众多领域的不断创新，通过重组价值链、优化资源配置降低了成本并增强了企业核心竞争力，更好地满足了国家"保增长、扩内需、调结构、促就业"的战略需要。

　　创新是服务外包发展的核心动力。我国传统产业转型升级，一定要通过新技术、新商业模式和新组织架构来实现，这为服务外包产业释放出更为广阔的发展空间。目前，"众包"方式已被普遍运用，以重塑传统的发包/接包关系，战略合作与协作网络平台作用凸显，从而促使服务外包行业人员的从业方式发生了显著变化，特别是中高端人才和专业人士更需要在人才共享平台上根据项目进行有效整合。从发展趋势看，服务外包企业未来的竞争将是资源整合能力的竞争，谁能最大限度地整合各类资源，谁就能在未来的竞争中脱颖而出。

　　广州大学华软软件学院是我国华南地区最早介入服务外包人才培养的高等院校，也是广东省和广州市首批认证的服务外包人才培养基地，还是我国服务外包人才培养示范机构。该院历年毕业生进入服务外包企业从业平均比例高达66.3%以上，并且获得业界高度认同。常务副院长迟云平获评2015年度服务外包杰出贡献人物。该院组织了近百名具有丰富教学实践经验的一线教师，历时一年多，认真负责地编写了软件、网络、游戏、数码、管理、财务等专业的服务外包系列教材30余种，将对各行业发展具有引领作用的服务外包相关知识引入大学学历教育，着力培养学生对产业发展、技术创新、模式创新和产业融合发展的立体视角，同时具有一定的国际视野。

当前，我国正在大力推动"一带一路"建设和创新创业教育。广州大学华软软件学院抓住这一历史性机遇，与国家发展和改革委员会国际合作中心合作成立创新创业学院和服务外包研究院，共建国际合作示范院校。这充分反映了华软软件学院领导层对教育与产业结合的深刻把握，对人才培养与产业促进的高度理解，并愿意不遗余力地付出。我相信这样一套探讨服务外包产教融合的系列教材，一定会受到相关政策制定者和学术研究者的欢迎与重视。

借此，谨祝愿广州大学华软软件学院在国际化服务外包人才培养的路上越走越好！

国家发展和改革委员会国际合作中心主任

2017 年 1 月 25 日于北京

前　言

　　物联网技术在社会生产生活环节中的广泛应用，使得交通、家居、物流、环保、农业、医疗等各领域对信息化管理的需求日益增强，从而极大地扩展了服务外包市场。首先，对物联网中各种传感数据的管理和分析催生了大量的软件开发和数据挖掘应用，拓展了传统的信息技术外包和业务流程外包市场；其次，服务外包产业的一个特征就是附加值大，而附加值的体现很大程度上是由其技术含量决定的，物联网技术涉及电子技术、通信工程、数据库技术、网络技术等多个学科领域，这些学科的相互渗透融合将极大地提升服务外包产业的附加值。

　　在未来，物联网将广泛运用在服务外包产业中，物联网时代的到来将会给服务外包产业带来较大的机遇，将会加快服务外包产业的发展，而作为物联网中核心技术的单片机技术，亦将显得尤为重要。

　　目前单片机已渗透到人类生活的各个领域，如计算机的网络通信与数据传输，工业自动化过程的实时控制和数据处理等。单片机的学习、开发与应用将造就一批计算机应用与智能化控制工程师。据统计，我国的单片机年需求量逐年增长，特别是沿海地区的高新技术开发区，其产品多数要用到单片机，并不断向内地辐射，有着广阔的前景。培养单片机应用人才，特别是在工程技术中普及单片机知识有重要的现实意义。为此，我们转变"以知识为中心"的应试教育模式，实行"以能力为中心"的素质教育模式，注重学生实践能力、创新能力的培养。

　　本书注重培养读者的学习能力和动手能力，以 TI 公司的 CC2530 为主线展开，提供了作者多年教学积累和项目开发经验，由浅入深地阐述了 2 部分、10 个项目、26 个任务。

第一部分为基础应用，包括 7 个项目、18 个任务。项目一为项目开发基础，分解为熟悉硬件平台和熟悉开发环境 2 个任务；项目二为通用 IO 端口控制，分解为点亮 LED 灯、按键、声控灯、跑马灯 4 个任务；项目三为外部中断，分解为 2 个任务；项目四为串口，分解为串口发送、串口接收、串口中断 3 个任务；项目五为定时器，分解为定时器 1、定时器 3、呼吸灯 3 个任务；项目六为电源与时钟，分解为 CC2530 系统时钟的设置、睡眠模式、睡眠模式——定时器唤醒 3 个任务；项目七为看门狗。

第二部分为进阶提升，包括 3 个项目、8 个任务。项目八为传感器，分解为 ADC 转换、18B20 传感器、DHT11 传感器、三轴加速度传感器 4 个任务；项目九为近距离通信，分解为红外通信、点对点通信 2 个任务；项目十为综合项目，分解为温室大棚、自定义通信协议 2 个任务。

本书由刘雪花主编，罗家兵主审。本书可以作为应用型本科或高等职业院校的教材，也可以作为相关领域的工程技术人员参考用书。由于编者水平有限，书中难免有错漏与不足之处，恳请读者批评指正。

编　者

2019 年 8 月

目　录

第一部分　基础应用

第二部分 进阶提升

第一部分　基础应用

项目一 项目开发基础

☞ **项目概述**

本项目主要内容是单片机项目开发的基础，包含 2 个任务。

任务 1 通过开发板实物和对应的原理图来识读原理图，并了解开发板的结构；

任务 2 通过 IAR 的安装与操作步骤熟悉 CC2530 单片机代码的编译、下载、调试。

☞ **项目目标**

知识目标

(1)了解单片机的定义及无线单片机的由来；

(2)熟悉 CC2530 的内部结构；

(3)熟悉原理图的识读；

(4)掌握 IAR 开发环境的使用步骤；

(5)掌握 CC-Debugger 调试的方法。

技能目标

(1)会识读原理图；

(2)能够将原理图和开发板实物图对应；

(3)能够对 IAR 软件进行新建、配置、调试、下载等操作。

情感目标

(1)培养积极主动的创新精神；

(2)锻炼发散思维能力；

(3)养成严谨细致的工作态度；

(4)培养观察能力、实验能力、思维能力、自学能力。

☞ **原理学习**

1. 单片机

计算机由 CPU、RAM、ROM、I/O 等单元组成，可自动高速地执行程序。剪裁了计算机的功能部件后，在一块半导体硅片上集成了微处理器(CPU)、存储器(RAM、ROM 或 EPROM)、各种输入、输出接口等部件的芯片称为单片机。单片机具有一台计算机的属性，也称为微控制器 MCU(microcontroller unit)或嵌入式控制器 EMCU(embedded microcontroller unit）。在我国，习惯使用"单片机"这一名称。

1971 年 1 月，Intel 公司的特德·霍夫在与日本商业通讯公司合作研制台式计算器时，将原始方案的十几个芯片压缩成三个集成电路芯片，其中的两个芯片分别用于存储程序和数据，另一芯片集成了运算器和控制器及一些寄存器，称为微处理器（Intel 4004）。

1976 年 Intel 公司推出了 8 位的 MCS－48 系列的单片机，以其体积小、重量轻、控制功能齐全和低价格的特点，得到了广泛应用，为单片机的发展奠定了坚实的基础。

20 世纪 80 年代初，Intel 公司推出了 8 位的 MCS－51 系列的单片机，随着单片机应用的急剧增加，其它类型的单片机也随之大量涌现，如 Motorola 的 68 系列、Zilog 的 Z8 系列等，从而掀开了单片机应用的新篇章。

20 世纪 80 年代后期 Intel 公司以专利的形式把 8051 内核技术转让给厂家，如 Atmel、Philips、Analog Devices、Dallas 公司。这些厂家生产的兼容单片机，与 8051 的系统结构（主要是指令系统）相同，采用 CMOS 工艺。

单片机经过约 30 年的发展，已经形成有几千种型号上百种品牌的半导体产业，对电子信息技术、工业控制技术、军事技术的发展起到巨大的推动作用。

目前主流的单片机：

（1）51 内核的系列单片机；

（2）Microchip 公司的 PIC 系列单片机；

（3）Motorola 公司的 68 系列；

（4）Texas Instrument 公司的 MSP 16bit 系列单片机；

（5）ARM 内核的 32bit 系列单片机。

通常所说的 51 单片机或 8051 单片机指的是 MCS－51 系列和其他公司的 8051 派生产品，具有同样的 8051 CPU 核，而真正的 8051 单片机早已不再生产。

单片机具有体积小巧、重量轻、可靠性高、控制能力强、价格低、开发方便简单、易于产品化的特点。单片机卓越的性能，得到了广泛的应用，已深入到各个领域，主要应用于汽车电子、智能控制、单片机应用、消费电子产品、军事技术等领域。

2. 无线单片机简介

20 世纪 80 年代，当单片机技术已经广泛普及，无线通信技术还仅是美国摩托罗拉等巨头公司实验室里的前沿，只有 8 K/s 的通信速度。

20 世纪 90 年代，TI 投入巨资，开发短距离通信芯片，复杂的高频，昂贵的设备，10 年努力却以失败告终。

2003 年挪威两家创新公司，CHIPCON（2006 年被 TI 公司 2 亿美元收购）和 Nordic 公司，采用 CMOS 高频技术将无线收发器完全集成到芯片内部，外部只有很少的元件，电路板设计非常简化，并将 8051 单片机和高频电路进行集成，就诞生了"无线单片机"。CC2530 是"无线单片机"中的一种，本书的项目都是以 CC2530 为例展开。

CC2530 = 8051 CPU 核 + ROM（32 K/64 K/128 K/256 K）+ RAM（8 K）+ IO 接口电路 + 无线射频电路

射频 SoC 单片机（无线单片机）为不具备无线通信和高频电路经验的电子工程师，

提供了非常简单的解决方案。

（1）将高频部分电路高度集成，单片机到天线之间，只有简单的滤波电路，系统设计者完全不必进行任何高频电路设计；

（2）采用特殊设计，使数字电路对高频通信的影响降低到最小；

（3）设置了高频通信的若干寄存器，使开发无线应用设计转移到以软件代码（寄存器）为中心。

3. CC2530 简介

（1）CPU 和内存。

CC2530 芯片系列中使用的 8051 CPU 内核是一个单周期的 8051 兼容内核。它有 3 种不同的内存访问总线（SFR，DATA 和 CODE/XDATA），单周期访问 SFR、DATA 和主 SRAM。它还包括一个调试接口和一个 18 路输入扩展中断单元。

（2）中断控制器。

总共提供了 18 个中断源，分为 6 个中断组，每个与 4 个中断优先级之一相关。当设备从活动模式回到空闲模式，任一中断服务请求就被激发。一些中断还可以从睡眠模式（供电模式 1 - 3）唤醒设备。

（3）内存仲裁器。

位于系统中心，因为它通过 SFR 总线把 CPU 和 DMA 控制器和物理存储器以及所有外设连接起来。内存仲裁器有 4 个内存访问点，每次访问可以映射到三个物理存储器之一：一个 8 KB SRAM、闪存存储器和 XREG/SFR 寄存器。它负责执行仲裁，并确定同时访问同一个物理存储器之间的顺序。

（4）8 KB SRAM。

8 KB SRAM 映射到 DATA 存储空间和部分 XDATA 存储空间。8 KB SRAM 是一个超低功耗的 SRAM，即使数字部分掉电（供电模式 2 和 3）也能保留其内容。这是对低功耗应用而言很重要的一个功能。

（5）闪存块。

32/64/128/256 KB 闪存块为设备提供了内电路可编程的非易失性程序存储器，映射到 XDATA 存储空间。除了保存程序代码和常量以外，非易失性存储器允许应用程序保存必须保留的数据，这样设备重启之后可以使用这些数据。使用这个功能，可以利用已经保存的网络具体数据，不需要经过完全启动、网络寻找和加入过程。

（6）时钟和电源管理。

数字内核和外设由一个 1.8 V 低差稳压器供电。它提供了电源管理功能，可以实现使用不同供电模式的长电池寿命的低功耗运行。有 5 种不同的复位源来复位设备。

（7）外设。

CC2530 包括许多不同的外设，允许应用程序设计者开发先进的应用。

（8）调试接口。

调试接口执行一个专有的两线串行接口，用于内电路调试。通过这个调试接口，可以执行整个闪存存储器的擦除、控制使能哪个振荡器、停止和开始执行用户程序、执行 8051 内核提供的指令、设置代码断点，以及内核中全部指令的单步调试。使用这些技术，可以很好地执行内电路的调试和外部闪存的编程。

设备含有闪存存储器以存储程序代码。闪存存储器可通过用户软件和调试接口编程。闪存控制器处理写入和擦除嵌入式闪存存储器。闪存控制器允许页面擦除和 4 字节编程。

(9)I/O 控制器。

负责所有通用 I/O 引脚。CPU 可以配置外设模块是否控制某个引脚或它们是否受软件控制，如果是，每个引脚配置为一个输入还是输出，是否连接衬垫里的一个上拉或下拉电阻。CPU 中断可以分别在每个引脚上使能。每个连接到 I/O 引脚的外设可以在两个不同的 I/O 引脚位置之间选择，以确保在不同应用程序中的灵活性。

系统可以使用一个多功能的五通道 DMA 控制器，使用 XDATA 存储空间访问存储器，因此能够访问所有物理存储器。每个通道(触发器、优先级、传输模式、寻址模式、源和目标指针和传输计数)用 DMA 描述符在存储器任何地方配置。许多硬件外设(AES 内核、闪存控制器、USART、定时器、ADC 接口)通过使用 DMA 控制器在 SFR 或 XREG 地址和闪存/SRAM 之间进行数据传输，获得高效率操作。定时器 1 是一个 16 位定时器，具有定时器/PWM 功能。它有一个可编程的分频器，一个 16 位周期值和 5 个各自可编程的计数器/捕获通道，每个都有一个 16 位比较值。每个计数器/捕获通道可以用作一个 PWM 输出或捕获输入信号边沿的时序。它还可以配置在 IR 产生模式，计算定时器 3 周期，输出是 ANDed，定时器 3 的输出是用最小的 CPU 互动产生调制的消费型 IR 信号。

(10)MAC 定时器。

MAC 定时器(定时器 2)是专门为支持 IEEE 802.15.4 MAC 或软件中其他时槽的协议所设计的。定时器有一个可配置的定时器周期和一个 8 位溢出计数器，可以用于保持跟踪已经过的周期数。一个 16 位捕获寄存器也用于记录收到/发送一个帧开始界定符的精确时间，或传输结束的精确时间，还有一个 16 位输出比较寄存器可以在具体时间产生不同的选通命令(开始 RX，开始 TX，等等)到无线模块。定时器 3 和定时器 4 是 8 位定时器，具有定时器/计数器/PWM 功能。它们有一个可编程的分频器，一个 8 位的周期值，一个可编程的计数器通道，具有一个 8 位的比较值。每个计数器通道可以用作一个 PWM 输出。

(11)睡眠定时器。

睡眠定时器是一个超低功耗的定时器，计算 32 kHz 晶振或 32 kHz RC 振荡器的周期。睡眠定时器在除了供电模式 3 的所有工作模式下不断运行。这一定时器的典型应用是作为实时计数器，或作为一个唤醒定时器跳出供电模式 1 或 2。

(12)ADC。

ADC 支持 7～12 位的分辨率，分别在 30 kHz 或 4 kHz 的带宽。DC 和音频转换可以使用高达 8 个输入通道(端口 0)。输入可以选择作为单端或差分。参考电压可以是内部电压、AVDD 或是一个单端或差分外部信号。ADC 还有一个温度传感输入通道。ADC 可以自动执行定期抽样或转换通道序列的程序。

(13)随机数发生器。

随机数发生器使用一个 16 位 LFSR 来产生伪随机数，这可以被 CPU 读取或由选通命令处理器直接使用。例如随机数可以用于产生随机密钥，可提高系统的安全性。

（14）AES 加密/解密内核。

AES 加密/解密内核允许用户使用带有 128 位密钥的 AES 算法加密和解密数据。这一内核能够支持 IEEE 802.15.4 MAC 安全、ZigBee 网络层和应用层要求的 AES 操作。

（15）看门狗。

一个内置的看门狗允许 CC2530 在固件挂起的情况下复位自身。当看门狗定时器由软件使能时，它必须定期清除；否则，当它超时就复位。或者它可以配置用作一个通用 32 kHz 定时器。

（16）串口。

USART 0 和 USART 1 每个被配置为一个 SPI 主/从或一个 UART。它们为 RX 和 TX 提供了双缓冲，以及硬件流控制，因此非常适合于高吞吐量的全双工应用。每个都有自己的高精度波特率发生器，因此可以使普通定时器空闲出来用作其他用途。

（17）无线设备。

CC2530 具有一个 IEEE 802.15.4 兼容无线收发器。RF 内核控制模拟无线模块。另外，它提供了 MCU 和无线设备之间的一个接口，这使得可以发出命令，读取状态，自动操作和确定无线设备事件的顺序。无线设备还包括一个数据包过滤和地址识别模块。

CC2530 的结构图如图 1 - 1 所示，由图可知 CC2530F256 包含 8051CPU 核心、256 KB FLASH、8 KB SRAM、2 个 RC - OSC、2 个晶振、4 个定时器/计数器、睡眠定时器、2 个串口、无线射频发送模块。CC2530 芯片引脚如图 1 - 2 所示，包含 21 个输入输出 IO 口。

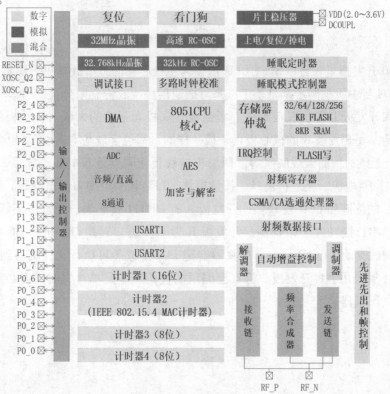

图 1 - 1　CC2530 结构图

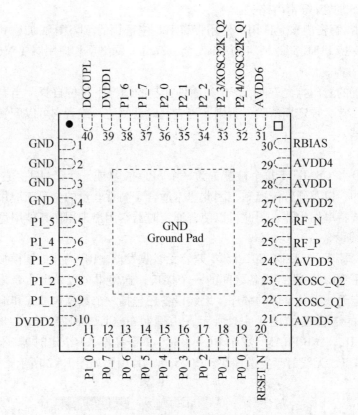

图 1 – 2　CC2530 引脚图

　　CC2530 开发板是一台以 8051 CPU 内核为主控芯片的微型计算机,实物图如图 1 –
3 所示,本项目中所举例子都是基于广州粤嵌通信科技股份有限公司的 CC2530 开发板。
开发板 A 和开发板 B 都由底板和核心板组成,底板为下方的大板,核心板为上方的小
板。开发板 A 和开发板 B 的核心板是一模一样的,都包含最基本的 CC2530 芯片、两个
晶振、一个无线通信的天线底座等。两块板的底板相同点是基本都包含了 21 个输入输
出的扩展口以及电源、接地扩展口、按键模块、LED 模块、串口通信模块。底板的差别
是开发板 A 的按键和 LED 较 B 多;开发板 A 有 DHT11 传感器、光敏传感器而 B 没有;
开发板 A 的串口接口为 9 针 D 型,开发板 B 为 USB 方口转串口。选择 CC-Debugger 仿
真器作为调试驱动,CC-Debugger 仿真器会把 IAR 生成的可执行文件烧写到 CC2530 的
ROM 中。不管采用哪种开发板,将自己编写的代码下载到单片机时,都必须借助如图
1 –4 所示的下载器。

(a) 开发板A

(b) 开发板B

图 1 - 3　CC2530 开发板

图 1 - 4　CC-Debugger 仿真器

任务1　熟悉硬件平台

1.1.1　任务环境

硬件：CC2530 开发板 1 块，CC2530 仿真器，PC 机。

1.1.2　任务实施

将 CC2530 开发板和 CC-Debugger 仿真器通过 JTAG 排线连接起来，如图 1 - 5 所示。

再将桌面上的 USB 线和仿真器相连，如图 1－6 所示。至此，CC2530 开发板已经通过仿真器和 PC 机相连了，为后续的编程做好了硬件上的准备。在后续项目中的硬件准备工作都是相同的，可以根据实际情况将开发板 A 换成开发板 B。

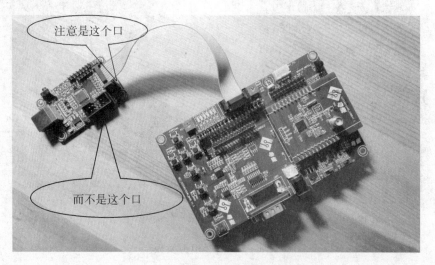

图 1－5　CC2530 开发板 A 和仿真器相连

图 1－6　USB 方口线和仿真器相连

图 1－7　CC2530 核心板实物图

　　CC2530 开发板的组成：核心板＋底板。CC2530 的核心板由"单片机 CC2530 ＋ 32.768 kHz 晶振＋32 MHz 晶振（晶振为芯片提供时钟信号）"。开发板核心板的原理图以及开发板 A 和开发板 B 底板的原理图详见附录。

　　问题 1：请结合附录给出的核心板原理图：图 C－2 核心板原理图 2，在图 1－7 中把单片机 CC2530、32.768 kHz 晶振、32 MHz 晶振三者的位置标示出来。

　　问题 2：底板的若干 IO 外设，请结合开发板 A 和开发板 B 的底板原理图，回答以下问题：开发板的供电电压多少？请在图1-8和图1-9中标出光敏传感器、温湿度传感器、按键S3和LED1的大概位置，并思考P0_4、P1_2、VCC、GND的具体位置。

图1-8 开发板A底板实物图

图1-9 开发板B底板实物图

任务2 熟悉开发环境

1.2.1 任务环境

（1）硬件：CC2530开发板1块，CC2530仿真器，PC机；

（2）软件：IAR-EW8051-8101或IAR-EW8051-760A。

1.2.2 任务实施

1. 安装开发环境

CC2530的开发环境为IAR Systems，目前使用的版本为IAR-EW8051-760A或IAR-EW8051-8101。其中IAR-EW8051-8101为较新的版本，本任务学习如何安装和使用。

IAR-EW8051-8101的安装包为IAR安装程序EW8051-EV-Web-8101.exe。双击打开IAR安装程序EW8051-EV-Web-8101.exe，如图1-10所示选择"Install a new instance of this application（安装此应用程序的新实例）"选项，在图1-11中选择"Next"。

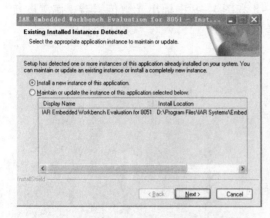

图1-10 选择安装此应用程序的新实例选项　　　　　图1-11 Next对话框

在图1-12中选择"Register now on the IAR web site to obtain a license number and an installation key(现在在IAR网站上注册以获得许可证号码和安装密钥)"选项，然后点击"Next"。

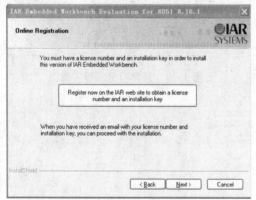

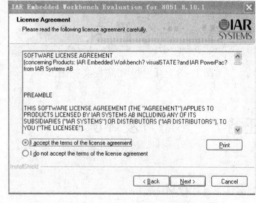

图1-12 Next对话框2　　　　　　　　图1-13 Next对话框3

在图1-13中选择"I accept the terms of the license agreement(我接受许可协议的条款)"选择，然后点击"Next"。

在图1-14中填写注册号，在图1-15中填写注册的密钥。

（由于软件版权问题，本书在编写过程中将图1-14中的注册号和图1-15的密钥进行阴影遮挡。）

在图1-16中选择"完全"安装而不是"自定义"安装。如果想修改安装路径可以在图1-17中进行选择，这里选择默认路径。如果想修改安装文件的文件夹命名可以在图1-18中设置，这里默认文件夹名字。在图1-19中选择"Install"表示确认安装工程，图1-20表示安装进度条的对话框，图1-21表示安装完成的对话框显示。

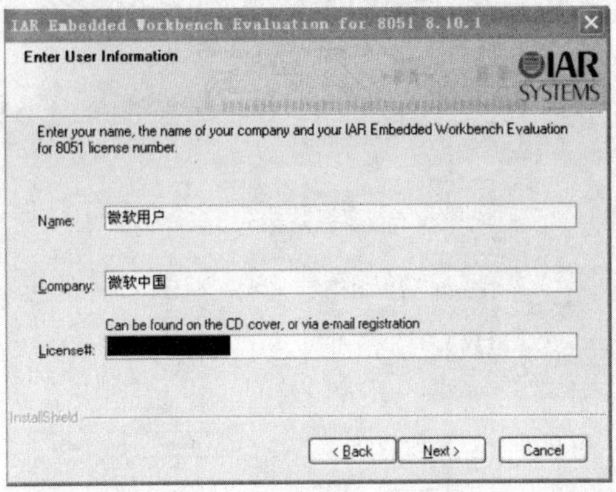

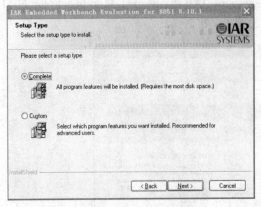

图 1-14 注册号对话框

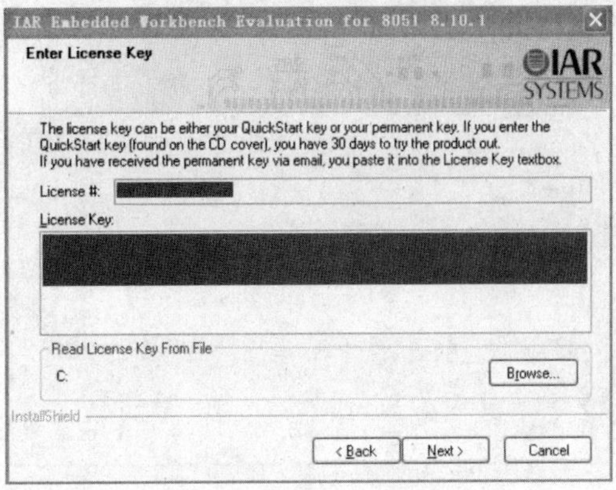

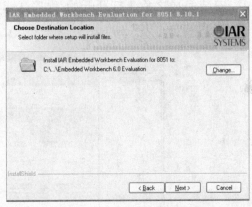

图 1-15 注册密钥对话框

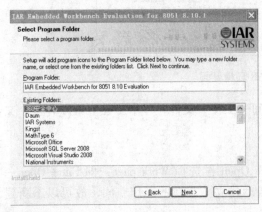

图 1-16 默认配置对话框

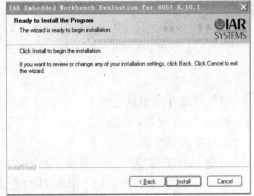

图 1-17 更改安装路径对话框

图 1-18 Next 对话框 4

图 1-19 Next 对话框 5

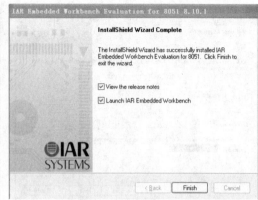

图 1-20　安装进度条对话框　　　　　　　图 1-21　安装完成对话框

安装完成之后，打开开始/程序/IAR Systems/IAR Embedded Workbench for 8051 8.10 Evaluation/IAR Embedded Workbench，如图 1-22 所示。

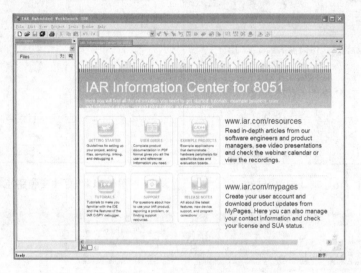

图 1-22　IAR 环境界面

IAR 开发环境里从上到下分级为工作空间—工程—文件，一个工程下可以有多个文件，如 . c 文件或者 . h 文件。

2. IAR 操作步骤

新建 IAR 工作空间：在菜单 File 里选择 Open 再选择 Workspace，即 File—Open—Workspace。由于第一次启动 IAR 软件时会自动建立一个新的工作空间，故可以不新建工作空间，直接从新建工程开始。

新建工程：点击 Project—Create—New Project，创建一个新的工程，选择 Empty project 创建一个空工程，如图 1-23 所示。另存工程，保存工程名，如图 1-24 所示。为了确保逻辑清晰，新建一个空文件夹，工作空间、工程以及文件都存放在这个文件夹里。一般一个文件夹下存放对应的唯一一个工作空间和唯一的工程。IAR 不会自动创建工程文件夹，所以需要我们创建放置工程的文件夹。

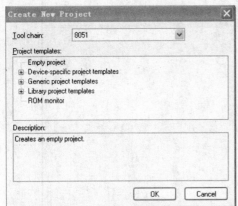

图1-23 创建新工程

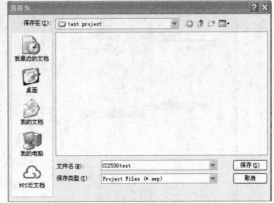

图1-24 保存工程名

新建文件：点击 File—New—File 可以创建一个新的文件，点击保存按钮，如图1-25所示，选择和新建的工程一样的保存路径，文件后缀为.c，表示为 C 文件。工程和工作空间保存时不用加后缀，文档后缀为.c，都存放在一个文件夹里。

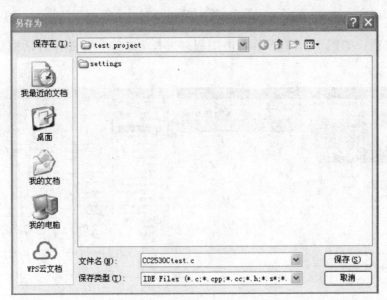

图1-25 保存为 C 文件

关联文档：右击工程选择 Add—Add"CC2530Ctest.c"，如图1-26所示。

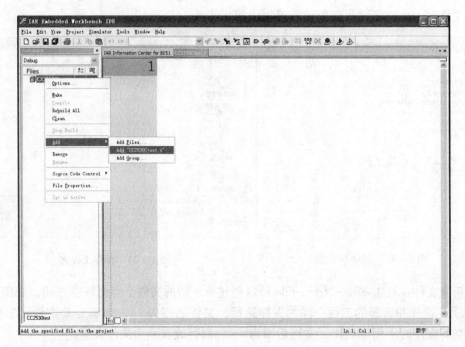

图 1-26　关联 C 文件

配置工程：如图 1-27 所示右击工程，选择 options，options 对话框如图 1-28 所示。

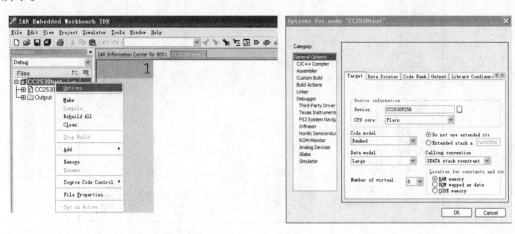

图 1-27　打开配置对话框　　　　图 1-28　选择器件型号

若开发板的单片机型号为 CC2530F256，在通用配置 General Options 的 Device 器件型号中选择 CC2530F256，其中路径为 IAR 安装路径下的 EW/8051/config/devices/Texas Instruments/CC2530F256. i51。在如图 1-29 所示对话框中将 Linker—config 打钩。在图 1-30 中，Simulator：仿真，不需要接开发板，只调试不下载；Texas Instruments：需要接开发板，下载且调试。

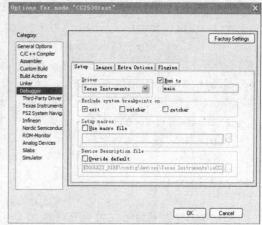

图 1 - 29　配置对话框　　　　　　图 1 - 30　调试对话框

编辑 C 文件：将下列代码复制粘贴到 C 文件中，然后点击 Project—Compile 进行编译，由于前面没有保存工作空间，会跳出如图 1 - 31 的对话框，保存在和工程、文件一样的路径下，工作空间和工程的命名可以一致也可以不一致。

图 1 - 31　保存工作空间对话框

```
#include <ioCC2530.h>
#include <stdbool.h>
#define LED1 P1_0
__bit __no_init  bool isLight;
void Delay(unsigned int count)
{
  unsigned  int i;
```

```
    unsigned   int j;
    for(i =0;i <count;i + +)
            for(j =0;j <10000;j + +);
}
void InitIO(void)
{
    P1SEL& = ~ (1 < <0);
    P1DIR | = (1 < <0);
}
void main(void)
{
  InitIO();   //初始化 LED1 所链接的 IO 口
  isLight =false;
  while(1)
  {
    if(isLight = =true)
      P1_0 =1;
    else
      P1_0 =0;
    isLight =!isLight;
    Delay(10);//延时
  }
}
```

当在下方的信息窗口中显示"Done. 0 error(s), 0 warning(s)", 表示 C 文档没有语法错误, 可以点击 Project—Download and Debug 进行下载。当硬件连接好之后, 可以在图 1 –30 调试对话框中选择 Texas Instruments, 若硬件未连接而选择了 Texas Instruments 会出现报错; 当不需要下载只需要进行软件仿真时可以选择 Simulator。不管在 TI 或者 Simulator 模式下, 都会出现如图 1 –32 所示的界面。调试界面按钮功能如表1 –1所示。

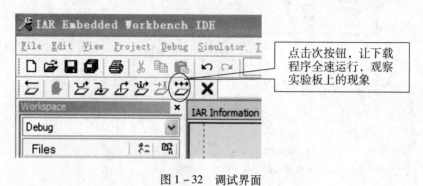

图 1 –32   调试界面

表1-1 调试界面按钮功能

名　称	功　能	快捷键
GO	运行，遇到断点会暂停	F5
Step Into	单步调试、进入函数	F11
Step Over	单步调试、不进入函数	F10
Step Out	执行了 Step Into 之后，从函数体退出	F11 + Shift
Run to Cursor	运行到光标处	
Break	程序进入循环体时，打断程序运行	
RESET	调试复位	

make：编译，连接当前工程(编译只编译有改动的文件，或者设置变动的文件，工程窗口文件右边会有个 * 号)。

compile：只编译当前源文件（不管文件是否改动，或者设置是否变动）。

rebuild all：编译，连接当前工程(不管文件是否改动，或者设置是否变动)。

至此已经进入了调试状态，我们可以单步运行、设断点、跟踪变量、查看内存、查看寄存器、全速运行。将上述的 IAR 操作步骤，多练习几次，每次重新新建工程之前都必须新建一个专属的文件夹存放。

常见编译错误：

(1) Error[Pe005]：could not open source file "stdio. h"

原因：头文件路径不对，改正的方法是在设置选项卡的 C/C ++ Compiler → Preprocessor 选项里，将 $ TOOLKIT_DIR $ \ INC \ CLIB \ 添到 Include paths 中。

(2) Error[Pe005]：could not open source file "hal. h" C：\ Users \ user \ Desktop \ 例子程序 \ 无线通信综合测试 Library \ cc2430 \ HAL \ source \ setTimer34Period. c

原因：先检查 C：\ Users \ user \ Desktop \ 例子程序 \ 无线通信综合测试 \ Library \ cc2530 \ HAL \ source 有无 setTimer34Period. c 这个文件。若有，则是因为 IAR 对中文路径支持得不好的缘故，把这个工程复制到英文路径下编译就不会发生错误。

(3) Warning[Pe001]：last line of file ends without a newlineF：\ emoTion \ IAR \ PK 升级 \ CC1110 - 8 \ main. c 179。在使用 IAR 时常常会弹出类似这样一个警告，只要在最后一行多加一个回车就不会再有这个警告。

☞ 课后阅读

1. CC2530 是用于 2. 4 GHz IEEE 802. 15. 4、ZigBee 和 RF4CE 应用的一个真正的片上系统(SoC)解决方案，它能够以低成本的方式建立功能丰富的无线传感网络。

CC2530 结合了领先的 RF 收发器的优良性能，业界标准的增强型 8051 CPU，系统内可编程闪存，8 KB RAM 和许多其他强大的功能。CC2530 有四种不同的闪存版本：

CC2530F32/64/128/256，分别具有 32/64/128/256 KB 的闪存。CC2530 具有不同的运行模式，尤其能适应超低功耗要求的系统。运行模式之间的转换时间短，进一步确保了低能源消耗。

2. IAR 工作空间文件后缀是 .eww，IAR 工程的后缀名是 .ewp。EWW 和 EWP 文件都会关联到 IAR，不过 EWW 文件才能正确地自动打开，而 EWP 文件必须先打开 IAR（打开时已经自动建立了一个新的工作空间），再导入工程才可用。

IAR 操作步骤：

（1）建工作空间（打开时自动建立）；

（2）建工程→保存工程；

（3）建文档→保存文档；

（4）编译→保存工作空间→下载调试。

3. 在学习 CC2530 进行编译下载时经常遇到一些问题，下面列举一些问题以及解决办法。

（1）当代码写好后点击 compile 或者 make 进行编译，若出现 Error：Unable to open file C：\ Program Files \ IAR Systems \ ＊＊＊＊＊＊＊ \ Ink51ew_CC2531F256_bankedxcl 的错误提示，则是因为器件选型时选取了 CC2531F256 而不是选取了 CC2530F256，将器件选型修改为 CC2530F256 即可。

（2）当代码写好后点击 compile 或者 make 进行编译，若出现 Fatal Error：Segment BANKED_CODE must be defined in a segment definition option（ － Z， － b or － p）的错误，则是因为建工程或者文件或配置过程中出现错误，不规范，可以通过所有操作步骤重新进行一次；若在老师或同学的帮助下将所有步骤重新进行一次，仍出现这个错误，可以将电脑重启，再将所有步骤重新进行一次。

（3）编译好代码之后点击下载，若出现了图 1 - 33 或图 1 - 34 的对话框，则说明电脑找不到下载器或没有识别出下载器。

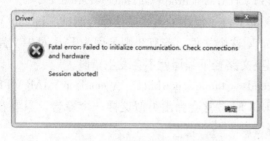

图 1 - 33　下载失败提示对话框 1

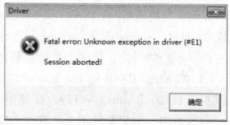

图 1 - 34　下载失败提示对话框 2

这时先点击确定或者对话框右上角的关闭按钮，关闭这个错误提示对话框，再按下下载器（不是单片机开发板）侧面的 RESET 复位按键，再点击绿色下载按钮；若还是出现下载错误提示框，则再点击 RESET 复位按键—下载按钮，耐心操作几次，一般就可以正常下载。

（4）如在操作步骤（3）之后依然不能下载，先通过"我的电脑—管理—设备管理器"

查看电脑是否已经识别出下载器，若能正常识别，会出现图 1 – 35 中所示的"Cebal controlled devices"字样，若无此字样则说明没有识别出下载器。

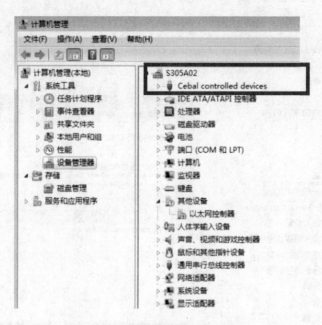

图 1 – 35　PC 机识别出下载器

若出现了图 1 – 35 中所示的 Cebal controlled devices 字样，将桌面上方口线和下载器断开，再连接，等待 20 s 让 PC 机再次识别出下载器，可以耐心慢慢将"断开 – 连接"的工作多做几次，若中间出现了图 1 – 36 所示的对话框，则选中器件，如图 1 – 37 所示，点击 Select，再点击绿色下载按钮进行下载。

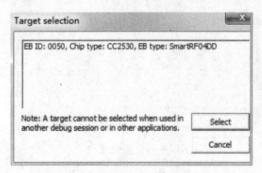
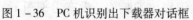
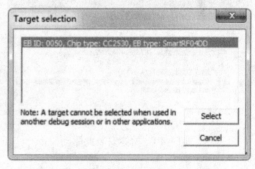

图 1 – 36　PC 机识别出下载器对话框　　　　图 1 – 37　下载器选择对话框

（5）若在进行了上述所有操作之后，依然不能识别出下载器，没有出现图 1 – 35 标识，参考图 1 – 38，看"设备管理器—其他设备"中的 SmartRF04DD 前面是否有感叹号，如果有感叹号则右键更新驱动程序软件，如图 1 – 39 选择"手动安装并安装驱动程序软件"，路径为：D：\ SMARTRF04EB CC DEBUGGER 驱动（只适合win7 64bit）\ win_64bit_x64，再如图 1 – 40 选择"始终安装此程序驱动软件"。安装成功界面如图 1 – 41 所示。

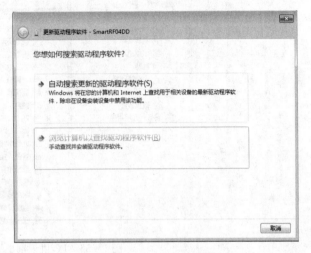

图1-38　SmartRF04DD 驱动
　　　　　不能识别

图1-39　手动查找驱动

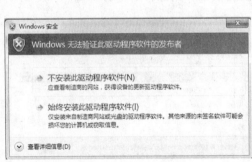

图1-40　始终安装此驱动

图1-41　安装成功

（6）若在进行了上述所有操作之后，依然不能识别出下载器，没有出现图1-35 和图1-38 的标识，可以重启电脑来解决。

（7）当正常编译下载后，发现开发板现象和自己的代码表述不一样，则检查工程配置，方法：点击 Project—Option，将 debug 中的选项选为 TI（代码下载到单片机中），不能选择 similation。similation 意思为只在电脑上调试，不下载到单片机中去。

（8）当正常编译、下载后会出现图1-42 所示的对话框，此时为代码下载到单片机中同时也进入调试模式，点击全速运行 GO，代码将在单片机中全速运行，就可以看到实验现象，或者按下单片机开发板(不是下载器)的 RESET 复位按键，代码也会全速运行，看到实验现象。但若进行了代码修改，需要重新点击编译时，必须先将调试模式关闭。

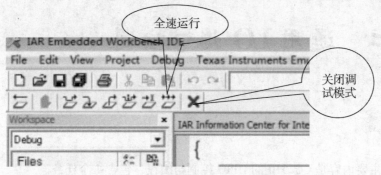

图 1-42　下载成功后的调试界面

　　(9)注意代码缩进性，每个大括号中间的内容要缩进 4 个空格，在 IAR 中默认每按一下 Tab 按键就是 4 个空格。图 1-43 是没有缩进性的界面，不规范；图 1-44 是有缩进性的界面。

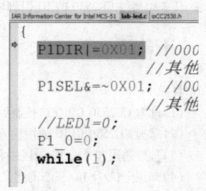

图 1-43　不规范的编写习惯　　　　　　　图 1-44　规范的编写习惯

☞ **项目总结**

　　(1)单片机概念；
　　(2)无线单片机；
　　(3)CC2530 的结构；
　　(4)原理图的识读；
　　(5)IAR 环境的操作步骤与要点。

习题

1. 在自己的电脑上安装 IAR 开发环境，并熟悉操作步骤流程。
2. 试阐述 CC2530 的结构及核心板的主要组成。

项目二 通用IO端口控制

本项目主要内容是 CC2530 的 GPIO 控制与编程，包含4个任务。

任务 1 通过 CC2530 的 IO 引脚控制 LED 的点亮、闪烁；

任务 2 通过按键将 0、1 电信号从 CC2530 的 IO 引脚输入；

任务 3 通过开关量输出的传感器模块（如雨滴传感器、土壤湿度传感器、振动传感器、火焰传感器、声音传感器等）控制驱动 LED 模块或蜂鸣器模块；

任务 4 通过 CC2530 的 IO 引脚输出控制 8 路 LED 灯模块随心所欲地闪烁。

☞ 项目目标

知识目标

(1)理解 CC2530 GPIO 口控制原理；

(2)掌握 CC2530 GPIO 通用输入、输出的编程步骤；

(3)理解通用和外设 IO 的区别和使用；

(4)知道上拉/下拉/三态的含义。

技能目标

(1)会对 GPIO 口进行简单输入输出配置；

(2)能够从 GPIO 口输出 0、1 信号；

(3)能够使用 GPIO 口获取输入的 0、1 信号。

情感目标

(1)培养积极主动的创新精神；

(2)锻炼发散思维能力；

(3)养成严谨细致的工作态度；

(4)培养观察能力、实验能力、思维能力、自学能力。

☞ 原理学习

1. CC2530 共 21 个 GPIO 口，分为 P0、P1、P2 三组

(1)P0 组：8 个管脚分别是 P0_0—P0_7，相关特殊功能寄存器 SFR：P0SEL、

P0DIR、P0、P0INP。

(2) P1 组：8 个管脚分别是 P1_0—P1_7，相关 SFR：P1SEL、P1DIR、P1、P1INP。

(3) P2 组：5 个管脚分别是 P2_0—P2_4，相关 SFR：P2SEL、P2DIR、P2、P2INP。

可以通过配置相关的特殊功能寄存器来实现这 21 个 GPIO 口的以下特性：

(1) 配置为通用 IO 口，实现将数字量 0、1 信号输入 CC2530 单片机，或从 CC2530 单片机输出数字量 0、1 信号。

(2) 配置为外部设备 IO 口，如 ADC 转换、串口通信、定时器等情况进行工作时。

(3) 当 GPIO 口需要信号输入时，引脚可配置为上拉/下拉/三态。

(4) 可以配置为外部中断，21 个 GPIO 口都可作为外部中断源，分别检测出上升沿或下降沿脉冲。

GPIO 口用作通用 IO 口的应用场合：

(1) 外部设备所要求的通信速率较低。

(2) 通信协议简单，例如和发光二极管、按键、继电器等简单设备的通信。

在计算机系统中，IO 接口电路面向 CPU 的都是一组特殊功能寄存器 SFR；CPU 通过读、写这组 SFR 来间接和连在 IO 接口上的外部设备进行信息交换。

普通输入、输出管脚的编程，主要涉及的 SFR(8 位)如下，其中 x 可以为 0，1，2。

◇PxSEL：对应的管脚是普通 IO 还是外围设备 IO；

◇Px：每位的值和对应管脚的电平一致；

◇PxDIR：对应的管脚是输入还是输出；

◇PxINP：对应的管脚拉电阻的选择。

2. IAR 环境下的常用主要数据类型

bool(值：1，0)：该数据类型缺省情况是被 C 直接支持的，若在 C 语言中实验该类型，需要包含头文件 <stdbool.h>，作为一个外部变量时，需要以下定义：

_bit _no_init bool 变量名；

char：缺省类型为 unsigned，可通过 IAR 的设置改变其缺省类型，长度为 8 位，unsigned char 范围为 0 ~ 255；

int：缺省类型为 unsigned，可通过 IAR 的设置改变其缺省类型，长度为 16 位，unsigned int 范围为 0 ~ 65535。

3. 位运算

(1) & 运算的应用 1——清 0。

例1 假设某寄存器为 1 个字节，将寄存器 x 第 5 位清 0。

方法 1：x& = 1101 1111; 　方法 2：x& = ~0010 0000;

方法 3：x& = ~0x20; 　方法 4：x& = ~ (1 < <5);

例2　将寄存器 x 第 1 位清 0 和第 5 位清 0。

> 方法1: x& = 1101 1101;　　　方法2: x& = ~0010 0010;
>
> 方法3: x& = ~0x22;　　　　　方法4: x& = ~((1 < <5) | (1 < <1));

上述方法 1 和方法 2 需要通过数 0 数 1，比较麻烦，在实际编程时可以考虑方法 3 和方法 4 这 2 种方法来解决。

（2）& 运算的应用 2——测试某位是 1 还是 0。

例3　当寄存器的第 5 位为 0 时则点亮三盏 LED，否则熄灭三盏 LED。

> 方法1: if ((x & (1 < <5)) = = 0)　LED1 = LED2 = LED3 = 0;
> 　　　　else　　LED1 = LED2 = LED3 = 1;
>
> 方法2: if ((x & (1 < <5))　{LED1 = 1;LED2 = 1;LED3 = 1; }
> 　　　　else {LED1 = 0;LED2 = 0;LED3 = 0; }

（3）| 运算的应用——置 1。

例4　将 x 中的第 6 位设置为 1 可进行以下运算：

> 方法1: x | = 0100 0000;
>
> 方法2: x | = 0x40;
>
> 方法3: x | = 1 < <6;

例5　将寄存器 x 第 0 位置 1 和第 6 位置 1：

> 方法1: x | = 0100 0001;
>
> 方法2: x | = ~0x41;
>
> 方法3: x | = ((1 < <6) | (1 < <0));

小结　位运算的使用方法：

（1）当变量 x 第 n 位需清 0，其他位不变时：x& = ~(1 < <n)；

（2）当变量 x 第 m 和 n 位需置 1，其他位不变时：x | = ((1 < <m) | (1 < <n))；

（3）当需要检测 Px 的第 n 位是否为 0 时：if(!(Px & (1 < <n)))..., else...

（4）当需要检测 Px 的第 n 位是否为 1 时：if(Px & (1 < <n))..., else...

☞ **相关寄存器**

特殊功能寄存器位于 8051 CPU 存储空间的 SFR 区域，尽管 P0SEL 的地址为 0xf3，但却无法通过指针来访问它。CC2530 中的特殊功能寄存器以及其中的每一位在其头文件 iocc2530.h 中已经定义好了，可以直接拿来使用，如 P0SEL，P0DIR，P0，P0_0 等。

1. 寄存器 PxSEL，其中 x 可以为 0，1，2（表 2 - 1）

表 2 - 1 P0SEL(0xF3) - 端口 0 功能选择

位	名 称	复 位	R/W	描 述
7：0	SELP0_[7：0]	0x00	R/W	P0.7 到 P0.0 的功能选择 0：General - purpose I/O：普通 I/O 1：Peripheral function：外部设备 I/O

P0SEL 共有 8 位分别控制 P0 口的 8 个 IO 口的管脚功能，不能进行位寻址，可以进行字节寻址，复位时为 0x00，可以读 P0SEL 里的数据，也可以修改 P0SEL 里的数据，如：

P0SEL 的第 2 位为 1 表示 P0_2 这个端口是外部设备；

P1SEL 的第 0 位为 0 表示 P1_0 这个端口是通用 I/O。

2. 寄存器 PxDIR，其中 x 可以为 0，1，2（表 2 - 2）

表 2 - 2 P0DIR(0xFD) - 端口 0 描述

位	名 称	复 位	R/W	描 述
7：0	DIRP0_[7：0]	0x00	R/W	P0.7 到 P0.0 的 I/O 描述 0：Input：输入 1：Output：输出

P0DIR 共有 8 位分别控制 P0 口的 8 个 IO 口的管脚方向，不能进行位寻址，可以进行字节寻址，复位时为 0x00，可以读 P0DIR 里的数据，也可以修改 P0DIR 里的数据。复位之后，所有的数字输入/输出引脚都设置为通用输入引脚。

如：P0DIR 的第 2 位为 1 表示 P0_2 这个端口是输出数字量 0 或 1。

3. 寄存器 PxINP，其中 x 可以为 0，1，2（表 2 - 3）

表 2 - 3 P0INP (0x8F) - 端口 0 输入模式

位	名 称	复 位	R/W	描 述
7：0	INPP0_[7：0]	0x00	R/W	P0.7 到 P0.0 的 I/O 输入模式 0：上拉/下拉[见 P2INP (0xF7) - 端口 2 输入模式] 1：三态

P0INP 共有 8 位，分别控制 P0 口 8 个 IO 口的输入模式，不能进行位寻址，可以进行字节寻址，复位时为 0x00，可读可写，复位之后，所有的端口均设置为带上拉的输入。要取消输入的上拉或下拉功能，就要将 PxINP 中的对应位设置为 1。除 P1.0 和 P1.1 之外其他的 I/O 端口均有上拉/下拉/三态等输入模式，且引脚输出电流均为 4 mA，而 P1.0 和 P1.1 的输出电流为 20 mA，且没有上拉/下拉功能。注意配置为外设 I/O 信号的引脚没有上拉/下拉功能，即使外设功能是一个输入。

任务3　点亮 LED 灯

2.1.1　任务环境

（1）硬件：CC2530 开发板 1 块（LED 模块），CC2530 仿真器，PC 机；

（2）软件：IAR-EW8051-8101 或 IAR-EW8051-760A。

2.1.2　框图设计

CC2530 开发板上发光二极管的电路原理图一般有以下两种形式，注意根据自己开发板的原理图找出对应的图，开发板 B 的 LED 原理图如图 2-1 所示，当从单片机 IO 口 P1_0、P1_1 输出 0 时 LED 灯会熄灭，开发板 A 的 LED 原理图如图 2-2 所示，输出 0 时 LED 灯会点亮；反之输出 1 时图 2-1 的 LED 灯会点亮，而图 2-2 的 LED 灯会熄灭。本书代码均采用开发板 B 的原理图。

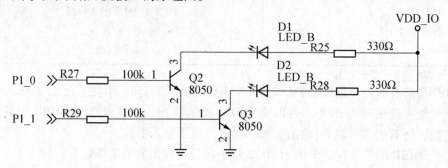

图 2-1　开发板 B 的 LED 原理图

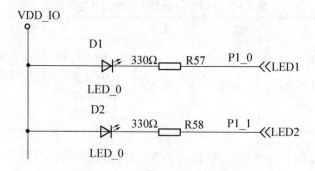

图 2-2　开发板 A 的 LED 原理图

2.1.3　任务实施

通过开发板的 D1、D2 两支发光二极管点亮流动的编程，复习 IAR 开环境的使用，特别是注意理解相关参数的配置对生成代码的影响；能够分析工程的 map 文件来理解目标文件的生成过程。

CC2530 GPIO 通用输出的编程步骤：

(1)设置 PxSEL，选择管脚功能：通用 IO 还是外设 IO 功能；

(2)设置 PxDIR，选择管脚方向：输入还是输出(当设为输入时还要说明是上拉/下拉/三态)；

(3)设置管脚的初始状态(0 还是 1)。

具体实施步骤如下：

(1)在 IAR 下建立一个 CC2530 工程 led，建立源文件 main.c 并把 main.c 添加到工程，建立工程及设置方法可参考任务 2。

(2)点亮其中一盏 LED 灯，参考代码如下：

```
#include <ioCC2530.h>
#define LED1 P1_0
void main()
{
    P1DIR |=0X01; //0000 0001 仅将 P1DIR 的第 0 位置 1,
            //其他位都不变,P1_0 为输出
    P1SEL& = ~0X01; //0000 0001,1111 1110 仅将 P1SEL 的第 0 位清 0,
            //其他位都不变,P1_0 为普通 IO
    LED1 =1;
    while(1);
}
```

(3)修改上述程序，点亮 2 盏灯；上述的"while(1);"在代码中有何作用，如果去掉会不会有任何影响？

(4)修改上述程序，使这两盏灯闪烁，可以采用延时函数，延时函数可以使用带实参的延时函数或使用不带参数的延时函数，延时函数的编写方法非常灵活，以下仅举出其中一两种样例。在使用延时函数时，上述的"while(1);"需要修改，应该如何修改？

不带参数延时函数：

```
void Delay()
{
    unsigned int x;
    unsigned int y;
    for(x =0; x < 500; x + +)
            for(y =0; y < 500; y + +);
}
```

使用带参数的延时函数，在调用时可以非常灵活地改变延时时间，试分别比较当参数 n 分别为 5000、50 000、70 000 时灯的闪烁频率，带参数的延时函数：

```
void Delay(unsigned int n)
{
    unsigned int i;
    for(i =0; i < n; i + +)
        for(i =0; i < n; i + +);
}
```

在使一盏 LED 灯闪烁的任务中，如果观察到 LED 灯一直保持一种状态不改变，出现这种情况可能有两种原因。第一种是由于延时函数延时的时间太长，每改变一次状态耗时太长，可以考虑修改代码中的延时函数，将时间变短；第二种原因是由于延时函数延时的时间太短，LED 灯确实是在闪烁，但由于人眼的视觉停留效应仅靠肉眼观察不出闪烁的状态，只会看见 LED 是常亮的，可以考虑修改代码中的延时函数，将时间变长。

2.1.4　任务拓展

1. 建立工程，设置如下(图 2 - 3、图 2 - 4)

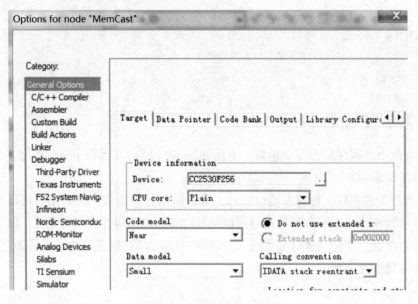

图 2 - 3　设置 Code model

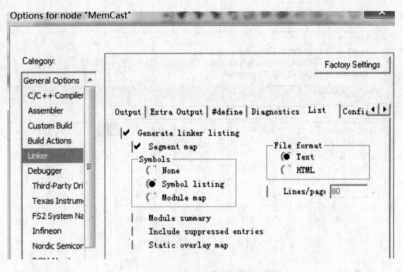

图2-4　设置 Linker—Output

2. 在上述使两盏灯闪烁的主程序中加入以下代码

```
int x = 8,y;
static char c = '0';
y = x + c;
```

问题：根据工程的设置，分析全局变量 x、y，静态局部变量 c 所分配的存储空间，并推断它们的大概地址。

3. 编译、链接，对 map 文件分析找出 x、y、c 的分配空间(图2-5)和地址(图2-6)

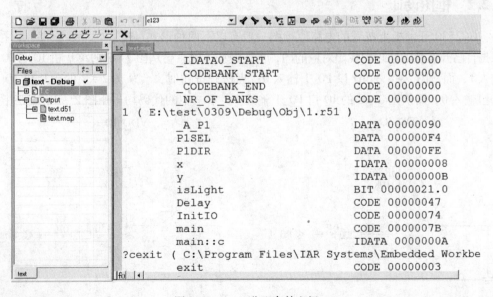

图2-5　x、y 分配存储空间

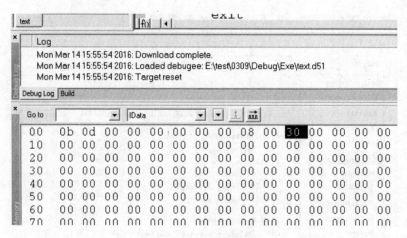

图 2-6　x、y 的地址

4. 将上述变量中 x、y、c 变量类型设置为 data 或 xdata 类型，再观察地址和变量值。

任务 4　按键

2.2.1　任务环境

(1)硬件：CC2530 开发板 1 块(KEY 模块)，CC2530 仿真器，PC 机；
(2)软件：IAR-EW8051-8101 或 IAR-EW8051-760A。

2.2.2　框图设计

　　CC2530 开发板上按键的电路原理图一般有以下两种形式(图 2-7、图 2-8)，注意根据自己开发板的原理图找出对应的图，当按键按下时，会从图 2-7 的单片机 IO 口 P0_1 输入 1，而从图 2-8 的 IO 口 P0_1 输入 0；当松开按钮时，会从图 2-7 的单片机 IO 口 P0_1输入 0，而从图 2-8 的 IO 口 P0_1 输入 1。本书中的代码均采用图 2-8 的原理图。

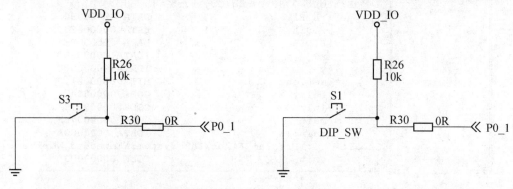

图 2-7　按键的电路原理图 1　　　　　图 2-8　按键的电路原理图 2

2.2.3 任务实施

CC2530 GPIO 通用输入的编程步骤：

(1)设置 PxSEL，选择管脚功能；

(2)设置 PxDIR，选择管脚方向；

(3)设置 P0INP/P1INP，选择上拉/下拉/三态模式；

(4)设置 P2INP，选择上拉/下拉。

I/O 端口中，有的上下拉电阻可以设置，有的不可以设置，有的是内置，有的是需要外接，I/O 端口类似于一个三极管的集电极 c。一般上拉电阻作用是提高负载能力或限流；下拉电阻作用是提高抗干扰能力，改变输入电阻。

当 IO 口被设置成上拉时，该端口常态时为高电平，用于检测低电平的输入。

当 IO 口被设置成下拉时，该端口常态时为低电平。

三态：是指它的输出既可以是"0"状态和"1"状态，又可以保持特有的高阻抗状态。高阻状态相当于断开状态。

通过查找有关资料试填下面的表格。

(1)写出 D1、D2 两盏 LED 所占有的系统资源及状态。

LED 名称	系统资源(如 P0_0)	点亮时状态(如 0)	熄灭时状态(如 0)	备 注
D1				
D2				

(2)写出 S1 按键所占有的系统资源，及按键状态。

按键名称	系统资源(如 P0_0)	未按下时状态(如 0)	按下时状态(如 0)	备 注
S1				

具体实施步骤如下：

(1)在 IAR 下建立一个 CC2530 工程 KEY，建立源文件 main.c，并把 main.c 添加到工程，建立工程及设置方法可参考任务2。

(2)通过按键发出 0 或 1 的信号，输入到单片机，再控制一盏 LED 的亮灭，参考代码如下：

```
#include <ioCC2530.h>
#define S1 P0_1
#define LED1 P1_0
void main(void)
{   //实际编程中,下述步骤可以简化
    P1SEL& = ~(1 << 0);//LED 初始化:仅将 P1SEL 第 0 位清 0,P1_0 定义为普通 IO
    P1DIR | = (1 << 0);//LED 初始化:仅将 P1DIR 第 0 位置 1,P1_0 定义为输出
    P0SEL& = ~(1 << 1);//按键初始化:仅将 P0SEL 第 1 位清 0,P0_1 定义为普通 IO
    P0DIR& = ~(1 << 1);//按键初始化:仅将 P0DIR 第 1 位清 0,P0_1 定义为输入
```

```
        P0INP& = ~ (1 < <1);//按键初始化:仅将 P0INP 第 1 位清 0,P0_1 定义为上拉/下拉模式
        P2INP& = ~ (1 < <5);//按键初始化:仅将 P2INP 第 5 位清 0,整个 P0 口定义为上拉模式
        while(1)
            { if(S1 = =0) LED1 =1;//按下按键 S1,点亮 LED1
                else LED1 =0;
            }
    }
```

一般的,当单片机的 IO 口没有上拉或者下拉电阻时,需要通过软件编程来配置,而当把上述代码修改为下拉模式:

```
P0INP& = ~ (1 < <1);//按键初始化:仅将 P0INP 第 1 位清 0,P0_1 定义为上拉/下拉模式
P2INP | = (1 < <5);//按键初始化:仅将 P2INP 第 5 位置 1,整个 P0 口定义为下拉模式
```

配置变为三态模式:

```
P0INP | = (1 < <1);//按键初始化:仅将 P0INP 第 1 位置 1,P0_1 定义为三态模式
```

实践表明:通过按键输入时,都可以实现上述功能。

经过上述三个程序中设置 PxINP,将引脚输入时设置为上/下拉、三态,都能检测到按键是否为按下的状态。CC2530 单片机的 IO 端口设置成上/下拉时内阻约为 20 kΩ、设置成三态时内阻约为 97 kΩ。

在作为普通 IO 输入时,P1INP 可不设置;在进行 ADC 转换时,必须将引脚设置成三态,否则电压采集不准。

(3)修改上述程序,补充下面的代码实现功能:按下 S1 键时 D1 亮,D2 灭;松开时 D1 灭,D2 亮。

```
//key. c
#include <ioCC2530.h >
//补充下面宏的定义
#define S3
#define LED1
#define LED2

void key_init()
{//按键"设备"初始化


}


void led_init()
{//led"设备"初始化


}
```

```
void main()
{
    key_init();
    led_init();
    while(1)
      {//实现方式有多种

      }
}
```

（4）修改上述程序，按下按键S1，两盏灯全亮，松开时两盏灯同时闪烁，while(1){ }中的代码如下：

```
while(1)
  {
    if(S3 ==0){LED1 =1;LED2 =1;}//按下按键S3,点亮 LED1
    else
    {
    LED1 =0;LED2 =0;
    delay();
    LED1 =1;LED2 =1;
    delay();
    }
  }
```

一般进行按键编程时需要进行按键消抖，本任务中将消抖部分的代码省略，消抖部分功能在后续任务中再详细讨论。

任务5　声控灯

2.3.1　任务环境

（1）硬件：CC2530 开发板 1 块，CC2530 仿真器，PC 机，雨滴传感器模块或土壤湿度传感器或振动传感器或火焰传感器，声音传感器等开关量输出的传感器模块；

（2）软件：IAR-EW8051-8101 或 IAR-EW8051-760A。

2.3.2　框图设计

声音传感器模块如图 2-9 所示，其中电源指示 LED 表示模块有电，此时电源指示灯亮，否则不亮。当采集到声音时，此开关指示灯会亮，灵敏度高的亮度高，灵敏度低的亮度低。可以通过小号十字螺丝刀旋转模块上的可调电阻，从而修改模块的灵敏度，也就是调节图 2 - 10 的阈值高低。

图 2 - 9　声音传感器模块

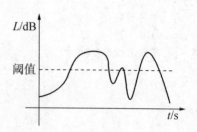

图 2 - 10　声音传感器阈值调节

声音传感器的引脚定义：

- VCC：外接 3.3 ~ 5 V 电压(连接到单片机开发板的 VCC 引脚)；
- GND：连接到开发板的 GND 引脚；
- OUT：数字量输出接口(0 和 1)。

　　模块在环境声音强度达不到设定阈值时，模块的 OUT 口输出高电平；当外界环境声音强度超过设定阈值时，模块的 OUT 输出低电平。声音传感器模块能检测到外界是否有声音，并转化为数字信号，如外界有声音为数字信号 0，外界没有声音为数字信号 1，具体情况要看具体传感器模块电路。

　　本任务中的声音传感器模块可以随心所欲地接在 CC2530 开发板的扩展 IO 口引脚上，IO 扩展引脚原理图如图 2 - 11、图 2 - 12 所示。

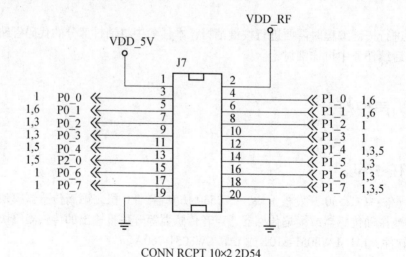

CONN RCPT 10×2 2D54

图 2 - 11　CC2530 的 IO 扩展引脚原理图 1

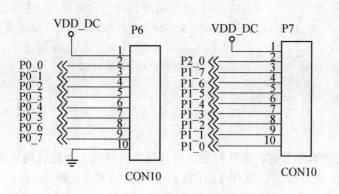

图 2 – 12　CC2530 的 IO 扩展引脚原理图 2

在开发板上找到 J7 原件的 1 号引脚，与声音传感器的 VCC 电源引脚相连；找到 J7 的 19 或 20 引脚，与声音传感器的 GND 相连；而声音传感器的 OUT 输出引脚和 J7 的 3 号—18 号引脚的任意一个引脚相连，编程时进行相关配置即可。

2.3.3　任务实施

从单片机开发板的原理图上找到可以使用的 GPIO 口的引脚和声音传感器模块连接，找到 VCC 扩展口和声音传感器模块的 VCC 引脚相连，找到 GND 扩展口和声音传感器模块的 GND 引脚相连。注意：有的单片机开发板的引脚和杜邦线的规格是 2 mm，有的则是 2.54 mm，不能强行连接，否则会损坏引脚。

（1）写出声音传感器模块所占有的系统资源及状态

硬　件	系统资源（如 P0_0）	有声音时状态（如 0）	无声音时状态（如 0）
声音传感器模块			

若没有声音传感器模块原理图，无法直接看出有声音时输出 0 还是 1，可以写一个简单程序，测试得出有声音时的状态和无声音时的状态，具体检测方法：检测到连接声音传感器模块的引脚为 0 时，点亮 LED 灯；为 1 时熄灭灯（参考任务 4 中的按键检测方法）。然后再对着声音传感器模块发出声音，让声音传感器模块检测，若有声音时灯亮，无声音时灭，则模块的功能和假想的一致：有声音时为 0，否则为 1。

```
#include <ioCC2530.h>
#define voice P0_2   //声音传感器的 OUT 接到 P0_2
#define LED1 P1_0
void main(void)
{
    P1SEL& = ~(1<<0);//LED 灯初始化:仅将 P1SEL 第 0 位清 0,P1_0 定义为普通 IO
    P1DIR | = (1<<0);//LED 灯初始化:仅将 P1DIR 第 0 位置 1,P1_0 定义为输出
    P0SEL& = ~(1<<2);//仅将 P0SEL 第 2 位清 0,P0_2 定义为普通 IO
    P0DIR& = ~(1<<2);//仅将 P0DIR 第 2 位清 0,P0_2 定义为输入
```

```
P0INP& = ~(1 < <2);//仅将P0INP第2位清0,P0_2定义为上拉/下拉模式
P2INP& = ~(1 < <5);//仅将P2INP第5位清0,整个P0口定义为上拉模式
while(1)
    { if(voice = =0) LED1 =1;//发出声音时点亮LED1
        else  LED1 =0;
    }
}
```

（2）上述功能有声音时，LED灯亮，声音消失时灯灭，改进代码实现当外界有声音时，驱动单片机开发板上的某个LED灯点亮一段时间（大概为2 s）后再熄灭，写出代码。

2.3.4 任务拓展

声音传感器可以用其他传感器来代替，同样可检测出开关量信号的输出，如土壤湿度传感器（图2－13）、雨滴传感器、振动传感器（图2－14）、火焰传感器等等。这些传感器都只会输出0或1两种开关量状态。

图2－13 土壤湿度传感器模块

图2－14 振动传感器模块

输出量可以不用LED灯来表示，改为用有源蜂鸣器来表示单片机的输出，其中图2－15中的蜂鸣器输出0时发出声音，输出1时不发出声音，在实际使用时，有时也与之相反。注意，有源蜂鸣器在使用时需要将上面的白色膜撕下来。

图2－15 蜂鸣器模块

可以参考上述代码，结合目前蜂鸣器连接到单片机开发板的GPIO口的引脚，通过代码测试出相关信息，填入下面表格，当雨滴传感器检测到下雨时就让蜂鸣器发出嗡嗡的声音，提示下雨需要收衣服。

硬 件	系统资源（如P0_0）	不发声时状态（如0）	发声时状态（如0）
蜂鸣器			

任务6 跑马灯

2.4.1 任务环境

(1)硬件：CC2530 开发板 1 块，CC2530 仿真器，PC 机，8 路 LED 模块；

(2)软件：IAR-EW8051-8101 或 IAR-EW8051-760A。

2.4.2 框图设计

8 路 LED 跑马灯模块中引脚定义：

(1)VCC：外接 3.3～5 V 电压(连接到单片机开发板的 VCC 引脚)。

(2)GND：连接到开发板的 GND 引脚。

(3)D1－D8：数字量输入接口，将(0 和 1)信号送到此模块控制 LED 的亮灭。

8 路跑马灯模块原理图如图 2－16 所示，当单片机的 IO 口输出 0 时，与之对应的 LED 会点亮，否则熄灭。

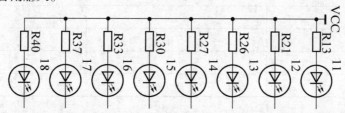

图 2－16　8 路跑马灯模块原理图

本任务中的 8 路跑马灯模块可以随心所欲地接在 CC2530 开发板的扩展 IO 口引脚上，IO 口扩展引脚除了图 2－11 和图 2－12，还有如图 2－17 所示 U5 扩展口引脚原理图。

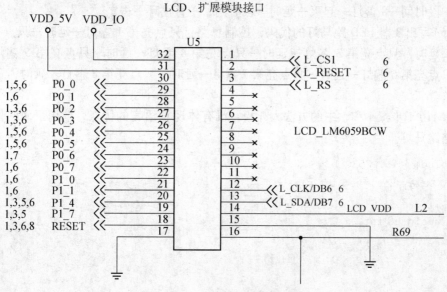

图 2－17　U5 扩展口引脚原理图

2.4.3 任务实施

从单片机开发板的原理图上找到可以使用的 GPIO 口的引脚和 8 路跑马灯模块连接，找到 VCC 扩展口和 8 路跑马灯模块的 VCC 引脚并相连，找到 GND 扩展 IO 口和 8 路跑马灯模块的 D1 ～ D8 并相连。注意：有的单片机开发板的引脚和杜邦线的规格是 2 mm，有的是 2.54 mm，不能强行连接，否则会损坏引脚。提示：若开发板的 VCC 引脚是虚焊或是坏的，不能给模块供电，可以采用一根杜邦线接在旁边同学的开发板 VCC 扩展引脚上。

(1)写出你的 8 路跑马灯模块所占有的系统资源及状态：

8 路 LED 模块的引脚(如 D1)	开发板上引脚所在的元件(如 J7)	扩展 IO 引脚(如 P1.0)

(2)在 IAR 下建立一个 CC2530 工程 8led，设置工程；在工程中建立源文件 main. c 并把 main. c 添加到工程。

(3)参考任务 3 中的代码，写出点亮 8 盏 LED 灯的代码。

(4)参考步骤 3 中的代码，写出使 8 盏 LED 灯闪烁的代码，控制思路：8 盏灯亮—延时一段时间—8 盏灯一起灭—延时一段时间，一直循环下去。

(5)写出 8 盏 LED 跑马灯的代码，控制思路：只点亮第 1 盏灯—延时—只点亮第 2 盏灯—延时—只点亮第 3 盏灯—延时—只点亮第 4 盏灯—延时—只点亮第 5 盏灯—延时—只点亮第 6 盏灯—延时—只点亮第 7 盏灯—延时—只点亮第 8 盏灯—延时，一直循环下去。

(6)由于步骤 4 和 5 中的方法太死板，没有体现 C 语言的优点，请用下面的代码实现 8 路跑马灯。

```
#include <ioCC2530.h>
void Delay(unsigned int n)
{
    unsigned int i;
    for(i = 0; i < n; i++)
            for(i = 0; i < n; i++);
```

```
        for(i = 0; i < n; i + +)
            for(i = 0; i < n; i + +);
}
void main()
{
    P0DIR = 0XFF;//1111 1111
    P0SEL = 0;
    while(1)
    {
        P0 = 0;
        Delay(20000);
        P0 = 0XFF;
        Delay(20000);
    }
}
```

上述代码中的 main( )也可以考虑用下面的方式来实现跑马灯的闪烁：

```
void main(void)
{
    P0SEL = 0X00;
    P0DIR = 0XFF;
    while(1)
    {
        for(j = 0;j < 8;j + +)
        {
            P0 = ~ (1 < <j);
            Delay(60000);//不能大于 65535
        }
    }
}
```

2.4.4 任务拓展

(1)编写程序，实现每次只亮一盏灯，让亮点从上跑到下，然后从下跑到上，依次循环。

(2)编写程序，实现第一次亮1、8盏，第2次亮2、7盏灯，第三次亮3、6盏灯，第四次亮4、5盏灯，依次循环。

(3)编写程序，实现第一次亮1、8盏，第二次亮2、7盏灯，第三次亮3、6盏灯，第四次亮4、5盏灯，第五次亮3、6盏灯，第六次亮2、7盏灯，第七次亮1、8盏灯，依次循环。

☞ **课后阅读**

1. 未使用的 I/O 引脚

未使用的 I/O 引脚电平是确定的，不能悬空。一个方法是使引脚不连接，配置引脚为具有上拉电阻的通用 I/O 输入，这也是所有引脚复位后的状态（除了 P1.0 和 P1.1 没有上拉/下拉功能）；或把引脚配置为通用 I/O 输出。这两种情况下引脚都不能直接连接到 VDD 或 GND，以避免过多的功耗。

2. 低 I/O 电压

在数字 I/O 电压引脚 DVDD1 和 DVDD2 低于 2.6 V 的应用中，寄存器位 PICTL. PADSC 应设置为 1，以获得 DC 特性表中所述的输出 DC 特性。

3. 寄存器位的约定（表 2-4）

表 2-4　寄存器位约定

寄存器位	约　定	寄存器位	约　定
R	只读	W0	写作 0
R0	读作 0	W1	写作 1
R1	读作 1	H0	硬件清除
W	只写	H1	硬件设置

☞ **项目总结**

本项目主要内容是 CC2530 的 GPIO 控制与编程，包含 4 个任务。任务 1 通过 CC2530 的 IO 引脚控制 LED 的点亮、闪烁；任务 2 通过按键将 0、1 电信号从 CC2530 的 IO 引脚输入；任务 3 通过开关量输出的传感器模块（如雨滴传感器模块、土壤湿度传感器、振动传感器、火焰传感器、声音传感器等）来控制驱动 LED 模块或者蜂鸣器模块；任务 4 通过 CC2530 的 IO 引脚输出控制 8 路 LED 灯模块随心所欲地闪烁。

CC2530 单片机有 3 组 IO 口，分别是 P0_0—P0_7、P1_0—P1_7、P2_0—P2_4，可以通过配置相关的特殊功能寄存器来实现这 21 个 GPIO 口的以下特性：

（1）配置为通用 IO 口，实现将数字量 0、1 信号输入 CC2530 单片机，或者从 CC2530 单片机输出数字量 0、1 信号。

（2）配置为外部设备 IO 口，如 ADC 转换、串口通信、定时器等情况进行工作时。

（3）当 GPIO 口需要信号输入时，引脚可配置为上拉/下拉/三态。

（4）可以配置为外部中断，21 个 GPIO 口都可以作为外部中断源，可以分别检测出上升沿或下降沿脉冲。

（5）复位之后，所有的端口均设置为带上拉的输入。

（6）除 P1.0 和 P1.1 之外其他的 I/O 端口均有上拉/下拉/三态等输入模式，且引脚输出电流均为 4 mA，而 P1.0 和 P1.1 的输出电流为 20 mA，且没有上拉/下拉功能。

在计算机系统中，IO 接口电路面向 CPU 的都是一组特殊功能寄存器 SFR；当 SFR 的存储地址末位是 0 或 8，以及能被 8 整除的数时，SFR 可以进行位寻址，CPU 通过读、写这组 SFR 间接与连在 IO 接口上的外部设备进行信息交换；普通输入、输出管脚的编程，主要涉及的 SFR 是 8 位，这里 x 可以为 0，1，2：

PxSEL：对应的管脚是普通 IO 还是外围设备 IO；

Px：每位的值和对应管脚的电平一致；

PxDIR：对应的管脚是输入还是输出；

PxINP：对应的管脚拉电阻的选择。

习题

1. CC2530 单片机有多少个 IO 引脚，输出电流为多大？

2. SFR 是什么，与 CC2530 单片机有什么关系？

3. 在进行 CC2530 的 IO 口输出编程时，需要用到哪些寄存器？

4. 在进行 CC2530 的 IO 口输入编程时，初始化步骤是什么？

5. 上拉、下拉、三态各是什么意思，分别有什么作用？

项目三　外部中断

　　本项目主要内容是 CC2530 外部中断的控制与编程，包含两个任务，主要通过按键或某开关量传感器(如声音传感器)产生的上升沿或下降沿来触发 CC2530 单片机的外部中断，通过配置中断初始化，编写中断服务函数来练习外部中断的控制。

　　任务 1 通过端口 0 上的引脚触发外部中断；

　　任务 2 通过端口 0 和端口 1 各触发一个外部中断。

☞ 项目目标

知识目标

　　(1)理解中断的概念、处理过程；

　　(2)掌握 CC2530 外部中断的原理；

　　(3)熟悉外部中断初始化的配置方法；

　　(4)掌握 CC2530 外部中断的编程步骤；

　　(5)熟悉中断服务处理函数。

技能目标

　　(1)会配置 CC2530 外部中断的初始化；

　　(2)会编写外部中断的中断服务处理函数。

情感目标

　　(1)培养积极主动的创新精神；

　　(2)锻炼发散思维能力；

　　(3)养成严谨细致的工作态度；

　　(4)培养观察能力、实验能力、思维能力、自学能力。

☞ 原理学习

　　CPU 与外部设备之间数据传送方式主要有以下几种：

　　(1)无条件传送(适用设备类型有限)：适用于总是准备好的外设，如点亮发光二极管。

（2）查询方式（浪费 CPU 资源）：如串口查询方式，先查询，满足要求则传送，否则等待。

（3）中断方式：当外设满足条件时会向 CPU 发出请求信号，强迫 CPU 暂停"手头的工作"，转去处理该外设，完毕后再继续原来的"工作"。

通过中断可以实现分时操作、实时处理、处理异常等。中断响应的一般过程：

（1）中断请求：当外部设备就绪时会产生一个中断请求信号给 CPU。注意：有效的中断请求电平保持到被 CPU 发现，当 CPU 响应请求后应当有效地请求电平去掉。

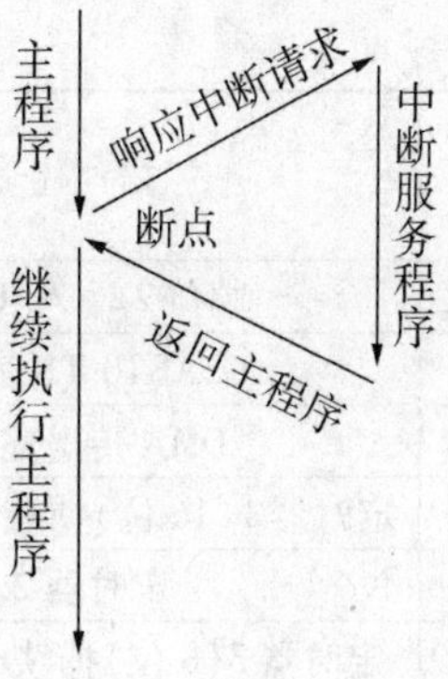

图 3-1　中断处理过程

（2）中断响应（自动）。

（3）断点保护（自动）。

（4）中断源识别——中断向量法（自动）。

（5）中断服务：程序员所编写的中断处理程序统称为中断服务程序，这也是中断处理需要程序员做的主要工作。

（6）断点恢复（自动）。

（7）中断返回（自动）。

1. CC2530 的中断原理

中断由中断源引起，中断源由相应的寄存器控制。当需要使用中断时，需配置相应的中断寄存器来开启中断。中断发生时将跳入中断服务函数中，执行此中断所需要处理的事件。在附录 A 中给出了所有中断源以及相关控制和状态寄存器的完整概述，其中阴影框是调用中断服务例程时由硬件自动清除的中断，不带阴影框的不能由硬件自动清除，只能通过软件编程时代码运行来清除中断标志位。

中断源：CC2530 片内具有一个中断控制器，能够同时对 18 路中断源进行管理，每个中断源都可以设置寄存器产生中断请求。

表 3-1 所示为 CC2530 中断一览表，中断标志中的（1）表示当调用中断处理程序时会由硬件清除中断；（2）表示还存在子级中断。

表 3-1　CC2530 中断一览表

中断号码	描　述	中断名称	中断向量	中断屏蔽	中断标志
0	RF TX RFIO 下溢或 RX FIFO 溢出	RFERR	03H	IEN0. RFERRIE	TCON. RFERRIF(1)
1	ADC 转换结束	ADC	0BH	IEN0. ADCIE	TCON. ADCIF(1)
2	USART0 RX 完成	URX0	13H	IEN0. URX0IE	TCON. URX0IF(1)
3	USART1 RX 完成	URX1	1BH	IEN0. URX1IE	TCON. URX1IF(1)
4	AES 加密/解密完成	ENC	23H	IEN0. ENCIE	S0CON. ENCIF
5	睡眠计时器比较	ST	2BH	IEN0. STIE	IRCON. STIF

续表 3 – 1

中断 号码	描 述	中断 名称	中断 向量	中断屏蔽	中断标志
6	端口 2 输入/USB	P2INT	33H	IEN2. P2IE	IRCON2. P2IF(2)
7	USART0 TX 完成	UTX0	3BH	IEN2. UTX0IE	IRCON2. UTX0IF
8	DMA 传送完成	DMA	43H	IEN1. DMAIE	IRCON. DMAIF
9	定时器 1(16 位)捕获/比较/溢出	T1	4BH	IEN1. T1IE	IRCON. T1IF(1)(2)
10	定时器 2	T2	53H	IEN1. T2IE	IRCON. T2IF(1)(2)
11	定时器 3(8 位)捕获/比较/溢出	T3	5BH	IEN1. T3IE	IRCON. T3IF(1)(2)
12	定时器 4(8 位)捕获/比较/溢出	T4	63H	IEN1. T4IE	IRCON. T4IF(1)(2)
13	端口 0 输入	P0INT	6BH	IEN1. P0IE	IRCON. P0IF(2)
14	USART 1 TX 完成	UTX1	73H	IEN2. UTXIE	IRCON2. UTX1IF
15	端口 1 输入	P1INT	7BH	IEN2. P1IE	IRCON2. P1IF(2)
16	RF 通用中断	RF	83H	IEN2. RFIE	S1CON. RFIF(2)
17	看门狗定时器溢出	WDT	8BH	IEN2. WDTIE	IRCON. WDTIF

2. 中断向量

当相应的中断源使能并发生时，中断标志位将自动置 1，然后程序跳往中断服务程序的入口地址执行中断服务程序。

中断服务程序的入口地址即中断向量，如图 3 – 2 所示，CC2530 的 18 个中断源对应了 18 个中断向量，中断向量定义在头文件"ioCC2530. h"中。

可以这样认为，当发生了某个中断，PC(程序计数器)指向对应的中断向量。

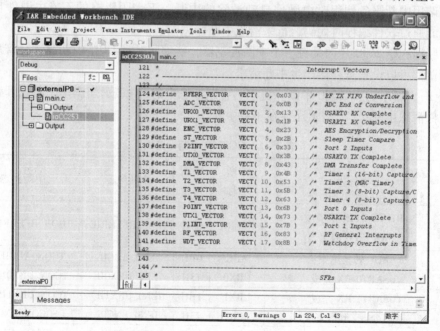

图 3 – 2　中断向量入口地址

3. 中断优先级

中断优先级将决定中断响应的先后顺序，在 CC2530 中分为 6 个中断优先组，即 IPG0～IPG5，每一组中断优先组中有 3 个中断源，如表 3-2 所示。

表 3-2 CC2530 中断源分组

组	中	断	
IPG0	RFERR	RF	DMA
IPG1	ADC	T1	P2INT
IPG2	URX0	T2	UTX0
IPG3	URX1	T3	UTX1
IPG4	ENC	T4	P1INT
IPG5	ST	P0INT	WDT

中断优先组的优先级设定由寄存器 IP0 和 IP1 来设置。CC2530 的优先级有 4 级，即 0～3 级，其中 0 级的优先级最低，3 级的优先级最高，如表 3-3 所示。

表 3-3 CC2530 中断源优先级设置

IP1_x	IP0_x	优先级
0	0	0（优先级别最低）
0	1	1
1	0	2
1	1	3（优先级别最高）

其中 x 为 6 个中断优先组 IPG0～IPG5 中的任何一个。

当设置 IPG0 优先级最高时：

IP1_IPG0 = 1;

IP0_IPG0 = 1;

如果同时收到相同优先级或同一优先级组中的中断请求时，将采用轮流检测顺序来判断中断优先级别的响应，如表 3-4 所示。

表3-4　CC2530中断源优先级排序

中断向量编号	中断名称	优先级排序
0	RFERR	
16	RF	
8	DMA	
1	ADC	
9	T1	
2	URX0	
10	T2	
3	URX1	轮流探测顺序为自
11	T3	上向下优先级依次
4	ENC	降低
12	T4	
5	ST	
13	P0INT	
6	P2INT	
7	UTX0	
14	UTX1	
15	P1INT	
17	WDT	

4. 中断处理过程

中断发生时，CC2530硬件自动完成以下处理：

中断申请：中断源向CPU发出中断请求信号（需在程序初始化中配置相应的中断寄存器开启中断）。

中断响应：CPU检测中断申请，把主程序中断的地址保存到堆栈，转入中断向量入口地址。

中断处理：按照中断向量中设定好的地址，转入相应的中断服务程序。

中断返回：中断服务程序执行完毕后，CPU执行中断返回指令，把堆栈中保存的数据从堆栈弹出，返回原来程序。

5. 中断编程

（1）中断初始化设置：开关闭合、标志位清零。

（2）中断处理函数编写：尽可能少耗时。

```
#pragma vector = P0INT_VECTOR
__interrupt  void P0_ISR (void)
{
        //中断事件的处理
        //清中断标志位

}
```

上述中断处理函数模板中的"P0INT_VECTOR"必须与头文件中 18 个中断源的某一个中断源名字一致，否则头文件不能识别出是哪个中断源引起的中断，"P0INT_VECTOR"也可以使用与其对应的中断向量地址"0x6B"来代替；而"P0_ISR（void）"是自己定义的中断函数的函数名，只要不与关键字或系统函数同名即可。

中断处理函数无参数无返回值，用关键字 _interrupt 来定义一个中断函数。使用 #progma vector 来提供中断函数的入口地址。

6. IO 外部中断

CC2530 的外部中断属于上述 18 个中断源中的 3 个，中断源名称分别是 P0INT、P1INT、P2INT，而这 3 个中断源的外部中断分为 21 个。由于 CC2530 单片机有 21 个 IO 口，可以分别通过 21 个 IO 口检测输入的上升沿或下降沿脉冲产生 21 个外部中断。

在设置 I/O 口的中断时必须将其设置为输入状态，通过外部信号的上升或下降沿触发中断。通用 I/O 中断寄存器有三类：中断使能寄存器、中断状态标志寄存器和中断控制寄存器。

外部 IO 口中断初始化配置：

（1）设置需要发生中断的 I/O 口为输入方式。

（2）清除中断标志，即将需要设置中断的引脚所对应的寄存器 PxIFG 状态标志位置 0。

（3）设置具体的 I/O 引脚中断使能，即设置中断的引脚所对应的寄存器 PxIEN 的中断使能位为 1。

（4）设置 I/O 口的中断触发方式。

（5）设置寄存器 IEN1 和 IEN2 中对应引脚端口的中断使能位为 1。

（6）设置 EA 位为 1 使能全局中断。

下面以通过按键触发外部中断为例进行编程，原理图如图 3-3 所示。

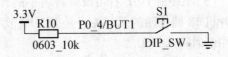

图 3-3 按键原理图

要求：当按下 S1 键时，串口 0 输出：S1 is pressed!

（1）占用系统硬件资源：P0_4。

（2）当 S1 断开时 P0_4 为高电平，接通时 P0_4 为低电平。

（3）当 S1 键按下，P0_4 管脚上出现一个高电平转变为低电平(下降沿)的信号，当 S1 键松开时，会有个上升沿的信号。

编程思路：

1）中断初始化

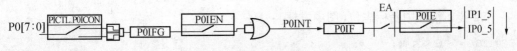

图 3-4 端口 0 外部中断原理图

以 P0_4 为例，当从 P0_4 引脚检测到有一个下降沿到来时，只要右边的开关都闭合(表示标志位的方框都清0),就可以将此外部中断信号送给 CPU,等待 CPU 暂停手头上的工作,再来处理此中断服务程序。

(1)图 3 - 4 中的中断方式选择开关 PICTL. P0ICON 表示开关向上接通选择下降沿触发,向下接通选择上升沿触发。该选择开关通过寄存器 PICTL 的第 0 位 P0ICON。注意,PICTL 寄存器不能进行位寻址,只能进行字节寻址。

(2)图中的方框 P0IFG 表示中断标志位,当 P0 口中有任意一个引脚有外部中断触发时,都会引起该标志位自动由硬件置1。由于需要判断是当前的上升沿或下降沿引起的硬件置1还是上一次中断之后没有通过代码来手动清0,我们需要在中断初始化代码中将此标志位手动清0,为判断真正的上升沿或者下降沿到来触发的中断做出置1的动作而准备,且在进入中断服务程序时需要再次将中断标志位手动清0,为下次中断到来继续做好准备。

(3)图中的 P0IEN 寄存器有 8 位,分别控制 P0_0 到 P0_7 这 8 个引脚的外部中断开关,当对应的位为 1 时,开关闭合,允许中断;当对应的位为 0 时,开关断开,禁止中断。整个 P0 口的外部中断原理图上应该有 8 个这样的开关(此图中只画出一个,其他省略),来表示是否闭合的信号送到右边的或门,P0 口中任意一个引脚引起的外部中断都可以通过这个或门送给右边的 CPU。

(4)图中的 P0IF 是一个方框外形,表示标志位,在初始化时同样需要清0。P0IF 是属于寄存器 IRCON 的第 5 位,由于 IRCON 的地址为 0xC0,可以进行位寻址,在进行清0时可以直接写 P0IF = 0。这样的方框表示的中断标志位的置1都是通过条件满足时硬件自动置1的,不需要我们写代码 P0IF = 1。

(5)图中的 P0IF 右边没有写名字的开关,表示中断总开关 EA。EA 是控制 CC2530单片机 18 路中断的总开关,是 IEN0 (0xA8)的第 7 位,当允许时写 EA = 1;当禁止所有中断时写 EA = 0。

(6)图中最右边的开关 P0IE,表示整个 P0 口的外部中断是否被允许,属于寄存器 IEN1 (0xB8)的第 5 位,通过"P0IE = 0;"来禁止整个 P0 口的 8 个外部中断;通过"P0IE = 1;"来允许中断。

初始化的目标 void   s1_init(void):

第 1 步,设置 P0_4 为普通 IO:

```
P0SEL& = ~ (1 < < 4);
```

设置 P0_4 为输入:

```
P0DIR& = ~ (1 < < 4);
```

第 2 步,清除中断标志位(图中方框):

```
P0IFG& = ~ (1 < < 4);
P0IF = 0;
```

第3步，合开关：

```
P0IEN | =1 < <4;
P0IE =1;
PICTL | =1 < <0;
EA =1;//合上总开关
```

2)编写中断处理函数

```
#pragma vector = P0INT_VECTOR//指定中断向量
_interrupt void s1_isr(void)
    {
        if(P0IFG&(1 < <4))
          {
            delay(10);//延时去抖
            if(P0_4 = =0)//按键是否确定被按下
            uart0_send_str("S1 is pressed !\ r\ n");//调用串口发送函数
            P0IFG& = ~ (1 < <4);//手动清除中断标志
            P0IF =0;//清中断标志
          }
    }
```

相关寄存器

1. 中断使能寄存器 IENx(其中 x 为 0，1，2)

IEN0 寄存器中的最高位为 EA。EA 是 CC2530 单片机 18 个中断源的总允许开关。当 EA 为 1 时，中断总开关闭合，允许中断；当 EA 为 0 时，中断总开关断开，不允许任何中断。因为 IEN0 寄存器的存储地址为 0xA8，末位为 8，可以被 8 整除，所以该 SFR 可以进行位寻址，在进行编程时，直接写 EA =1，或 EA =0，如表 3-5 所示。

表3-5　IEN0 寄存器(0xA8)——中断使能0

位	名　称	复位	R/W	描　　述
7	EA	0	R/W	禁止所有中断 0：无中断被确认 1：通过设置对应的使能位将每个中断源分别使能/禁止
6	—	0	R0	保留
5	STIE	0	R/W	睡眠定时器中断使能 0：中断禁止 1：中断使能

位	名　称	复　位	R/W	描　　述
4	ENCIE	0	R/W	AES 加密/解密中断使能 0：中断禁止 1：中断使能
3	URX1IE	0	R/W	USART1 RX 中断使能 0：中断禁止 1：中断使能
2	URX0IE	0	R/W	USART0 RX 中断使能 0：中断禁止 1：中断使能
1	ADCIE	0	R/W	ADC 中断使能 0：中断禁止 1：中断使能
0	RFERRIE	0	R/W	RF TX/RX FIFO 中断使能 0：中断禁止 1：中断使能

IEN1（0xB8）中断使能寄存器中的最高 2 位只能读不能写，且只能读成 0，这 2 位保留，没有开放权限。第 5 位为 P0IE，是控制整个 P0 口的 8 个外部中断的开关，当 P0 为 0 时，整个 P0 口的外部中断都被禁止；当 P0 为 1 时，整个 P0 口的外部中断都被允许，同样该寄存器也可以进行位寻址，直接写 P0IE = 1，或 P0IE = 0，如表 3 – 6 所示。

表 3 – 6　IEN1（0xB8）中断使能寄存器

位	名　称	复　位	R/W	描　　述
7:6	—	00	R0	保留
5	P0IE	0	R/W	端口 0 中断使能 0：中断禁止 1：中断使能
4	T4IE	0	R/W	定时器 4 中断使能 0：中断禁止 1：中断使能
3	T3IE	0	R/W	定时器 3 中断使能 0：中断禁止 1：中断使能

位	名 称	复 位	R/W	描 述
2	T2IE	0	R/W	定时器 2 中断使能 0：中断禁止 1：中断使能
1	T1IE	0	R/W	定时器 1 中断使能 0：中断禁止 1：中断使能
0	DMAIE	0	R/W	DMA 中断使能 0：中断禁止 1：中断使能

IEN2 寄存器的地址为 0x9A，不能进行位寻址，如表 3 – 7 所示。如果想控制整个 P1 的 8 个外部中断，代码中写"P1IE = 1；"不能被编译通过，这时只能对 IEN2 整个寄存器进行字节寻址，如：

```
IEN2 | =1 << 4;//整个端口 1 的 8 个外部中断都允许中断
或 IEN2 | = 0x10;//端口 1 中断使能
IEN2 & = ~ (1 << 4);//整个端口 1 的 8 个外部中断都禁止中断
IEN2 | =1 << 1;//整个端口 2 的 5 个外部中断都允许中断
或 IEN2 | = 0x02;//端口 2 中断使能
IEN2 & = ~ (1 << 1);//整个端口 2 的 5 个外部中断都禁止中断
```

表 3 – 7 IEN2 (0x9A) 中断使能寄存器

位	名 称	复 位	R/W	描 述
7：6	—	00	R0	保留
5	WDTIE	0	R/W	看门狗定时器中断使能 0：中断禁止 1：中断使能
4	P1IE	0	R/W	端口 1 中断使能 0：中断禁止 1：中断使能
3	UTX1IE	0	R/W	USART1 TX 中断使能 0：中断禁止 1：中断使能

位	名 称	复 位	R/W	描 述
2	UTX0IE	0	R/W	USART2 TX 中断使能 0：中断禁止 1：中断使能
1	P2IE	0	R/W	端口 2 中断使能 0：中断禁止 1：中断使能
0	RFIE	0	R/W	RF 一般中断使能 0：中断禁止 1：中断使能

2. 中断使能寄存器 PxIEN（其中 x 为 0, 1, 2）

设置端口的某一个引脚中断使能，以 P0IEN（表 3 - 8）为例讲解，P0IEN 的 8 位分别控制 P0 口的 8 个引脚外部中断允许禁止开关。

```
P0IEN | = 0x30;//P0.4、P0.5 的外部中断被允许
```

表 3 - 8　P0IEN (0xAB) 中断使能寄存器

位	名 称	复 位	R/W	描 述
7：0	P0IEN[7：0]	0x00	R/W	端口 0 P0.7～P0.0 中断使能 0：中断禁止 1：中断使能

3. 中断状态标志寄存器 PxIFG（其中 x 为 0, 1, 2）

某个外部中断发生的标志，以 P0IFG（表 3 - 9）为例，P0 口的某个引脚上检测到了一个上升沿或者下降沿发生了中断，标志位为 1，当进入中断服务程序时，须将此中断标志位手动清 0。

表 3 - 9　P0IFG(0x89)——端口 0 中断状态标志

位	名 称	复 位	R/W	描 述
7：0	P0IF[7：0]	0x00	R/W	端口 0 P0.7～P0.0 中断状态标志 0：未发生中断 1：发生中断

```
//判断整个端口 0 中是否有任意一个引脚发生了外部中断,是否有中断标志发生
if( P0IFG >0)
  {
  ...
```

```
    }

//只判断 P0_1 上是否发生了外部中断,产生了中断标志位
if(P0IFG&(1<<1))
    {
    ...
    }
```

4. 中断状态标志寄存器 IRCON 和 IRCON2

IRCON 的地址为 0xC0,可以进行位寻址,如表 3 - 10 所示,其中:

0:无中断未决,表示目前该标志位没有产生中断标志,没有中断触发条件产生。

1:中断未决,表示该标志位已经产生了中断,该中断标志位已经挂起为 1,等待 CPU 处理这个中断。CPU 未响应,是没有解决的中断,简单理解就是产生了中断触发条件。

表 3 - 10　IRCON(0xC0)中断标志

位	名　称	复　位	R/W	描　　述
7	STIF	0	R/W	睡眠定时器中断标志: 0:无中断未决　1:中断未决
6	—	0	R/W	必须写为 0,写入 1 时总是使能中断源
5	P0IF	0	R/W	端口 0 中断标志: 0:无中断未决　1:中断未决
4	T4IF	0	R/W H0	定时器 4 的中断标志: 0:无中断未决　1:中断未决
3	T3IF	0	R/W H0	定时器 3 的中断标志: 0:无中断未决　1:中断未决
2	T2IF	0	R/W H0	定时器 3 的中断标志: 0:无中断未决　1:中断未决
1	T1IF	0	R/W H0	定时器 3 的中断标志: 0:无中断未决　1:中断未决
0	DMAIF	0	R/W	DMA 的中断标志: 0:无中断未决　1:中断未决

```
P0IF=1;//端口 P0 有中断,具体是 P0 的哪个引脚引起的还需要通过 P0IFG 来判断
```

中断状态标志寄存器 IRCON2 地址为 0xE8,可以进行位寻址,如表 3 - 11 所示。

表 3 – 11　IRCON2（0xE8）中断标志

位	名　称	复　位	R/W	描　　述
7 : 5	—	000	R/W	未用
4	WDTIF	0	R/W	看门狗定时器中断标志： 0：无中断未决　1：中断未决
3	P1IF	0	R/W	端口 1 中断标志： 0：无中断未决　1：中断未决
2	UTX1IF	0	R/W	USART1 的中断标志： 0：无中断未决　1：中断未决
1	UTX0IF	0	R/W	USART0 的中断标志： 0：无中断未决　1：中断未决
0	P2IF	0	R/W	端口 2 的中断标志： 0：无中断未决　1：中断未决

```
P1IF=1;//端口 P1 有中断,具体是 P1 哪个引脚引起的还需要通过 P1IFG 来判断
P2IF=1;//端口 P2 有中断,具体是 P2 哪个引脚引起的还需要通过 P2IFG 来判断
```

5. 中断控制寄存器 PICTL

端口 0 的 8 个引脚必须配置为同一种外部中断触发方式，上升沿或下降沿触发；端口 1 的低 4 位必须配置为同一种外部中断触发方式，高 4 位为同一种触发方式；端口 2 的 5 个引脚为同一种触发方式。中断标志如表 3 – 12 所示。

表 3 – 12　PICTL（0x8C）中断标志

位	名　称	复　位	R/W	描　　述
7	PADSC	00	R0	控制 I/O 引脚在输出模式下的驱动能力，选择输出驱动能力来补偿引脚 DVDD 的低 I/O 电压（为了确保在较低电压下的驱动能力和较高电压下的驱动能力相同） 0：最小驱动能力增强，DVDD1/2 等于或大于 2.6 V 1：最大驱动能力增强，DVDD1/2 小于 2.6 V
6 : 4	—	000	R0	保留
3	P2ICON	0	R/W	端口 2 的 P2.4～P2.0 输入模式下的中断配置，该位为端口 2 的输入 P2.4～P2.0 选择中断请求条件 0：输入的上升沿引起中断 1：输入的下降沿引起中断

位	名　称	复　位	R/W	描　述
2	P1ICONH	0	R/W	端口 1 的 P1.7～P1.4 输入模式下的中断配置，同上 0：上升沿引起中断 1：下降沿引起中断
1	P1ICONL	0	R/W	端口 1 的 P1.3～P1.0 输入模式下的中断配置，同上 0：上升沿引起中断 1：下降沿引起中断
0	P0ICON	0	R/W	端口 0 的 P0.7～P0.0 输入模式下的中断配置，同上 0：上升沿引起中断 1：下降沿引起中断

```
PICTL | = 0x01;//整个 P0 口的中断触发方式为下降沿触发
```

任务7　外部中断1

3.1.1　任务环境

（1）硬件：CC2530 开发板 1 块（LED 模块 + 按键模块），CC2530 仿真器，PC 机；
（2）软件：IAR-EW8051-8101 或 IAR-EW8051-760A。

3.1.2　任务分析

本任务中的按键模块和 LED 模块与任务 3 和任务 4 中保持一致，其中 S1、D1、D2 所占有的系统资源及按键状态如表 3 – 13 所示。

表 3 – 13　IO 口系统资源表

名　称	系统资源（如 P0_0）	按下时产生上升/下降沿	松手时产生上升/下降沿	点亮时状态（如 0、1）
S1	P0_1	下降沿	上升沿	—
D1	P1_0	—	—	1
D2	P1_1	—	—	

按键消抖：

通常的按键为机械弹性开关，当机械触点断开或闭合时，由于机械触点的弹性作用，一个按键开关在闭合时不会马上稳定地接通，在断开时也不会一下子断开，因而在闭合及断开的瞬间均伴随有一连串的抖动，如图 3 – 5 所示。抖动时间的长短由按键的机械特性决定，一般为 5～10 ms。键抖动会引起一次按键被误读多次。为确保 CPU 对键的一次闭合仅做一次处理，必须去除键抖动。按键的消抖，可用硬件或软件两种方法。硬件去抖是在按键电路中添加 RS 触发器。软件去抖是检测出键闭合后执行一个延时程序，延时 5 ～ 10 ms，让前沿抖动消失后再一次检测键的状态，如果仍保持闭合状态电平，则确认为真正有键按下。

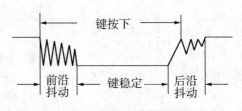

图 3 - 5　按键动作时的模拟波形图

当检测到按键释放后，也需要 5 ～ 10 ms 的延时，待后沿抖动消失后才能确认按键真正释放。

3.1.3　任务实施

21 个 I/O 引脚都可以用作外部中断源输入口，因此，如果需要外部设备，可以产生中断。外部中断功能也可以从睡眠模式唤醒设备。

通用 I/O 引脚设置为输入后，可以用于产生中断。中断可以设置在外部信号的上升或下降沿触发。P0、P1 或 P2 端口都有中断使能位，对位于 IEN1 ～ 2 寄存器内的端口，所有的位都是公共的：

IEN1. P0IE：P0 中断使能；

IEN2. P1IE：P1 中断使能；

IEN2. P2IE：P2 中断使能；

除了这些公共中断使能之外，每个端口的位都有位于 SFR 寄存器 P0IEN、P1IEN 和 P2IEN 的单独的中断使能。即使配置为外设 I/O 或通用输出的 I/O 引脚使能时都有中断产生。

当中断条件发生在 21 个 I/O 引脚上，P0—P2 中断标志寄存器 P0IFG、P1IFG 或 P2IFG 中相应的中断状态标志将设置为 1。不管引脚是否设置了它的中断使能位，中断状态标志都被设置。当中断已经执行，中断状态标志被清除，该标志写入 0。这个标志必须在清除 CPU 端口中断标志(PxIF)之前被清除。

用于中断的 SFR 寄存器：

- P0IEN：P0 中断使能；
- P1IEN：P1 中断使能；
- P2IEN：P2 中断使能；
- PICTL：P0、P1 和 P2 触发沿设置；
- P0IFG：P0 中断标志；
- P1IFG：P1 中断标志；
- P2IFG：P2 中断标志；

按下按键 S1 时，点亮 D1 灯大约 1 s，代码如下：

```
#include <ioCC2530.h>
void delay(unsigned int count)// delay(1)约为1ms
{
  unsigned int i,j;
  for(i=0;i<count;i++)
    for(j=0;j<1174;j++);
}
/* * * * * * * * * * * *
  初始化按键为中断输入方式
* * * * * * * * * * * * * /
void InitKeyINT(void)
{//按键初始化 P0_1
    P0SEL& = ~ (1 << 1);
    P0DIR& = ~ (1 << 1);//S3 所连接的管脚设置为输入
    PICTL | = (1 << 0);//S3 所连接的管脚设置为下降沿触发
    P0IFG& = ~ (1 << 1);//初始化中断标志位,P0IFG 清 0
    P0IF = 0;//初始化中断标志位,P0IF 清 0
    P0IEN | =1 << 1;//合上 P0IEN 开关
    P0IE = 1; //合上 IEN1 的第 5 位 P0IE 的开关
    EA = 1;//开总中断
}
/* * * * * * * * * * * * * * * * * * * * * * * * *
  初始化程序 LED 等所连接的管脚并将 LED 灯初始化为灭
* * * * * * * * * * * * * * * * * * * * * * * * /
void InitIO(void)
{
  P1SEL& = ~((1 << 0) | (1 << 1));//设置为普通 IO
  P1DIR | = ((1 << 0) | (1 << 1)); //设置为输出
  P1_0 = 0;
  P1_1 = 0;//LED 灯熄灭
}
/* * * * * * * * * * * * * * * * * * * *
中断处理程序:按下 S1 键,点亮 D1 一段时间;
* * * * * * * * * * * * * * * * * * * * /
#pragma vector = P0INT_VECTOR//只要是 P0 口外部中断都会进入此程序
__interrupt void P01_ISR(void)
{
  if(P0IFG&(1 << 1))//进一步判断是否是 P0_1 按键产生的中断
  {
      delay(10);//若有中断,使用按键除抖
    if(P0_1 == 0)//再次检测 P0_1 按键是否按下
```

```
    P1_0 = 1;//点亮 D1
    delay(2000);//大约延时一段时间
    P0IFG & = ~ (1 << 1);//P0IFG 中断标志不能自动清除,必须由手工清除
    P0IF = 0;//P0IF 清除标志位
      }
}
/* * * * * * * * * *
* 主函数
* * * * * * * * * * /
void main(void)
{
  InitIO();
  InitKeyINT();    //初始化按键中断
  while(1)
    {
      P1_0 = 0;//主程序熄灭 LED 灯,等待中断到来
    }
}
```

编译链接程序,观察实验现象,注意多体会:是按下的瞬间产生了下降沿,这个下降沿触发了中断,中断子程序是点亮灯 2 s。

修改上述代码,实现当按键按下时没有进入中断,两盏灯依然熄灭不会有任何现象产生,而当按键从释放到被松开时,进入中断,让两盏灯点亮一段时间(约 4 s)再熄灭。注意当代码修改好烧录进去之后,验证该现象时,按键按下 5 s 再将按键松开,仔细观察 LED 的状态是如何改变的。

3.1.4 拓展任务

修改上述代码,实现当按键按下时进入中断只点亮二极管 D_1 1 s,注意等到 D_1 熄灭之后再松开按键,再次进入中断,只点亮二极管 D_2 1 s,主程序中两盏灯熄灭。

任务 8 外部中断 2

3.2.1 任务环境

(1)硬件:CC2530 开发板 1 块(LED 模块 + 按键模块 + 声音传感器模块/某开关量传感器模块),CC2530 仿真器,PC 机;

(2)软件:IAR-EW8051-8101 或 IAR-EW8051-760A。

3.2.2 框图设计

本任务中的按键模块和 LED 模块与任务 7 中保持一致，将本任务中的声音传感器或其他开关量的传感器所占有的系统资源，及信号产生和消失时所发出的边沿脉冲如表 3-14 所示列出。本任务中的开关量传感器可以采用雨滴传感器、振动传感器、火焰传感器或土壤湿度传感器。

表 3-14　传感器系统资源表

名　称	系统资源	有信号时产生上升/下降沿	信号消失时产生上升/下降沿
声音传感器			
＿＿＿＿传感器			

注意：声音（雨滴）传感器采集到没声音（有雨）时为 0，有声音（没雨）时为 1，本任务中的传感器不可以接在 P0_1（因为按键 S3 在 P0_1）或 P1_0、P1_1（LED 灯在这两个 IO 口上）。

3.2.3 任务实施

（1）下述代码示范将声音传感器接在单片机的 P0_3 引脚上，发出声音时为信号 0，所以从没声音到有声音为下降沿脉冲，从有声音到没声音为上升沿脉冲。当声音传感器检测到外界声音消失之后，进入中断，让 LED 灯点亮一段时间。

```
#include <ioCC2530.h>
void delay(unsigned int count)// delay(1)约为1ms
{
  unsigned int i,j;
  for(i=0;i<count;i++)
    for(j=0;j<1174;j++);
}
/* * * * * * * * * * * * * * * * * * * * * * * * * * * *
* @brief 初始化按键为中断输入方式
* * * * * * * * * * * * * * * * * * * * * * * * * * * * /
void InitKeyINT(void)
{//声音 P0_3
  P0SEL& = ~(1<<3);
  P0DIR& = ~(1<<3);//声音传感器所连接的管脚设置为输入
  PICTL& = ~(1<<0);//整个 P0 为下降沿触发
  P0IFG& = ~(1<<3);//初始化中断标志位,P0IFG 清 0
  P0IF =0;//整个 P0 口中断标志位,P0IF 清 0
  P0IEN | =1<<3;//合上 P0_3 中断开关
  P0IE =1; //合上个 P0 口的中断开关
  EA =1;//开总中断
}
```

```c
/* * * * * * * * * * * * * * * * * * * *
*  @ brief 初始化程序 led 等所链接的管脚,
*         并将 LED 灯初始化为灭
* * * * * * * * * * * * * * * * * * * * * /
void InitIO(void)
{
  P1SEL& = ~ ((1 << 0) | (1 << 1));//设置为普通 IO
  P1DIR | = ((1 << 0) | (1 << 1)); //设置为输出
  P1_0 = 0;
  P1_1 = 0;//LED 灯熄灭
}
/* * * * * * * * * * * * * * * * * *
发出声音时, 没有进入中断
当检测到声音消失后, 进入中断点亮 LED
* * * * * * * * * * * * * * * * * * * * /
#pragma vector = P0INT_VECTOR//只要是 P0 口外部中断都会进入此程序
__interrupt void P03_ISR(void)
{
  if(P0IFG&(1 << 3))//进一步判断是否是 P0_3 引脚的上升沿引起的中断
  {
    delay(10);//若有中断, 使用除抖
    if(P0_3 = =1)//再次检测声音是否消失
    P1_0 =1;//点亮 D1
    delay(1000);//大约延时一段时间
    P0IFG & = ~ (1 << 3);//P0IFG 中断标志不能自动清除, 必须由手工清除
    P0IF =0;//P0IF 清除标志位
    }
}
/* * * * * * * * * * * * * * * *
* 主函数
* * * * * * * * * * * * * * * * /
void main(void)
{
  InitIO();
  InitKeyINT();    //初始化按键中断

  while(1)
{
  P1_0 =0;
  P1_1 =0;
} //主程序熄灭 LED 灯
}
```

（2）修改上述代码，让声音传感器接在 P0 口的某个 IO 引脚上，实现当检测到有声音时进入中断，中断服务程序中让两盏 LED 灯同时闪烁 3 次。

（3）修改上述代码，将声音传感器和按键一起都接在 P0 口，当检测到有声音时进入中断只点亮 D_1 时间约为 2 s；当检测到按键按下时进入中断只点亮 D_2 时间约为 2 s，主程序中两盏灯都熄灭。注意：代码中只需要写一个中断服务程序。

（4）修改上述代码，让单片机接在 P1 口的某个 IO 引脚上，实现当检测到声音消失之后进入中断，中断服务程序中让两盏 LED 灯交替闪烁 3 次。

（5）当按键引脚在 P0_1，声音传感器接在 P1_2，实现当按键松开之后点亮 D_1 一段时间，当声音消失之后点亮 D_2 一段时间，此时需要写两个中断服务函数，具体代码实现如下：

```
#include <ioCC2530.h>
void delay(unsigned int count)// delay (1)约为1ms
{
  unsigned int i,j;
  for(i =0;i <count;i ++)
    for(j =0;j <1174;j ++);
}
/* * * * * * * * * * * * * * * * * * * *
*  @ brief 初始化按键为中断输入方式
* * * * * * * * * * * * * * * * * * * * /
void InitKeyINT(void)
{
  //声音传感器接在 P1_2 引脚
  P1SEL& = ~ (1 <<2);//P1_2 引脚设置为通用 IO 口
  P1DIR& = ~ (1 <<2);//P1_2 管脚设置为输入
  PICTL& = ~ (1 <<1);//P1_0 ~ P1_3 全部设置为下降沿触发
  P1IFG& = ~ (1 <<2);//清 P1_2 初始化中断标志位
  P1IF =0;//清整个 P1 初始化中断标志位
  P1IEN | =1 <<2;//合上 P1_2 中断开关
  IEN2 | =1 <<4;//P1IE =1;合上 IEN2 的第 4 位 P1IE 的开关
  EA =1;//开总中断

  //按键初始化 P0_1
  P0SEL& = ~ (1 <<1);
  P0DIR& = ~ (1 <<1);
  PICTL& = ~ (1 <<0);//整个 P0 设置为下降沿触发
  P0IFG& = ~ (1 <<1);//清 P0_1 的中断标志位
  P0IF =0;//清整个 P0 初始化中断标志位
  P0IEN | =1 <<1;//合上 P0_1 中断开关
  P0IE =1;//
```

```
}
/* * * * * * * * * * * * * * * * * * * * *
*   @brief 初始化程序 led 等所链接的管脚,
*       并将 LED 灯初始化为灭
* * * * * * * * * * * * * * * * * * * * /
void InitIO(void)//P1_0 P1_1
{
  P1SEL& = ~ ((1<<0)|(1<<1));//设置为普通 IO
  P1DIR | = ((1<<0)|(1<<1)); //设置为输出
  P1_0 =0;
  P1_1 =0;//LED 灯熄灭
}
/* * * * * * * * * * * * *
      中断处理程序:
* * * * * * * * * * * * * /
#pragma vector = P0INT_VECTOR//只要是 P0 口外部中断都会进入此程序
__interrupt void P01KEY_ISR(void)
{
  if(P0IFG&(1<<1))//进一步判断是否是 P0_1 引脚产生的中断
  {
    delay(10);//若有中断,使用除抖
    if(P0_1 ==1)//再次检测 P0_1 按键是否松开
    P1_0 =1;//点亮 D1
    delay(1000);//大约延时一段时间
    P0IFG & = ~ (1<<1);//P0IFG 中断标志不能自动清除,必须由手工清除
    P0IF =0;//P0IF 清除标志位
    }
}
#pragma vector = P1INT_VECTOR//只要是 P1 口外部中断都会进入此程序
__interrupt void P12VOIDE_ISR(void)
{
  if(P1IFG&(1<<2))//进一步判断是否是发出声音产生的中断
  {
    delay(10);//若有中断,使用除抖
    if(P1_2 ==1)//再次检测是否发出声音
    P1_1 =1;//点亮 D2
    delay(1000);//大约延时一段时间
    P1IFG & = ~ (1<<2);//中断标志不能自动清除,必须由手工清除
    P1IF =0;//清除标志位
    }
}
```

```
/ * * * * * * * * *
       主函数
 * * * * * * * * * /
void main(void)
{
  InitIO();
  InitKeyINT();    //初始化按键中断

  while(1)
    {
      P1_0 = 0;
      P1_1 = 0;
    } //主程序熄灭 LED 灯
}
```

1. 寄存器中英文对照

P0IE：P0 interrupt enable(P0 口中断使能)；

P0IFG：Port 0 Interrupt Status Flag(P0 口中断状态标志位)。

2. 延时时间

```
延时代码:
void delay(unsigned int count)
{
  unsigned int i,j;
  for(i = 0; i < count; i + +)
    for(j = 0; j < 1174; j + +);
}
```

上述代码经过反汇编之后就是 16 句汇编代码。如果一句代码需要一个指令周期来完成，时钟频率为 32 MHz，上述 delay(1)的时间是：$1 \times 1174 \times 16/(32 \times 106) = 587 \mu s$，而 delay(10)；//延时时间就是 5870 μs，即 5.87 ms。使用 delay 的时间很不准确，只能是大概的时间，如需要精确的时间可以采用定时器功能。在 32 MHz 时钟下，用示波器检测出以下延时函数的延时时间：

```
#define NOP()asm("NOP")
#define TIME_A OW_HW_WaitUs(3);//6μs
#define TIME_E OW_HW_WaitUs(5);//9μs
#define TIME_D OW_HW_WaitUs(6);//10μs
#define TIME_F OW_HW_WaitUs(40);//55μs
```

```
#define TIME_C OW_HW_WaitUs(44);//60μs
#define TIME_B OW_HW_WaitUs(47);//64μs
#define TIME_I OW_HW_WaitUs(52);//70μs
#define TIME_J OW_HW_WaitUs(310);//410μs
#define TIME_H OW_HW_WaitUs(364);//480μs
#define TIME_G {;}//0μs
void OW_HW_WaitUs(unsigned short microSecs)
{   while(microSecs--)
    {
        NOP();
        NOP();
        NOP();
    }
}
```

☞ 项目总结

CC2530外部中断编程步骤：

（1）外部中断初始化：输入方式、触发方式、清除中断标志位、合上开关。

表3-15　中断初始化相关资源表

功　　能	相关寄存器
输入方式：通用IO	PxSEL、PxDIR
触发方式：上升沿/下降沿	PICTL
中断标志：清0	PxIFG
中断使能：允许/禁止	IENx、PxIEN

（2）中断服务响应程序：

```
#pragma vector = 中断向量地址
__interrupt  void 中断函数名（void）
    {
    中断处理;
    中断清除;
    }
```

习题

1. CC2530片内具有一个中断控制器，能够同时对多少路中断源进行管理；其中EA寄存器的作用是什么？

2. 在处理按键时，为什么要"去抖"，怎样"去抖"？

项目四　串口

☞ **项目概述**

本项目主要内容是 CC2530 的 USART 控制与编程，包含 3 个任务：

任务 1 通过查询两种不同的发送完成标志位来控制串口定时发送任务；

任务 2 通过查询发送/接收完成标志位来控制串口的发生/接收任务；

任务 3 通过串口接收完成的中断服务函数来处理串口接收任务。

3 个任务都基于 CC2530 和 PC 端的串口调试助手来完成工作。

☞ **项目目标**

知识目标

（1）了解串行通信的基础知识；

（2）掌握 CC2530 串口的编程步骤；

（3）重点理解相关 SFR 在控制器运行过程中所起的作用；

（4）熟悉 CC2530 串口控制器编程步骤。

技能目标

（1）会通过查询方式的控制串口的发送和接收；

（2）能通过中断的方式控制串口的发送和接收。

情感目标

（1）培养积极主动的创新精神；

（2）锻炼发散思维能力；

（3）养成严谨细致的工作态度；

（4）培养观察能力、实验能力、思维能力、自学能力。

☞ **原理学习**

1. 通信基础知识

计算机与外界的信息交换称为通信。通信的基本方式可分为并行通信和串行通信两种。所谓并行通信是指数据的各位同时在多根数据线上发送或接收。串行通信是数据的各位在同一根数据线上依次逐位发送或接收。串行通信和并行通信如图 4 - 1 所示。

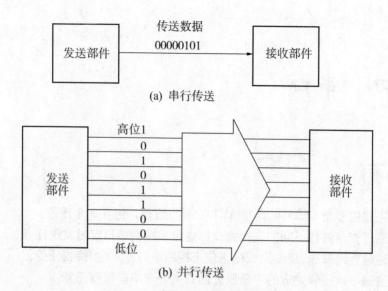

(a) 串行传送

(b) 并行传送

图4-1　串行、并行通信示意图

目前串行通信在单片机双机、多机以及单片机与 PC 机之间的通信等方面得到了广泛应用。

1）通信方式

计算机通信按同步方式可分为异步通信和同步通信两种。

同步通信：同步通信是连续传送数据的通信方式，一次通信传送多个字符数据，称为一帧信息。数据传输速率较高，通常可达 56 000 b/s 或更高。其缺点是要求发送时钟和接收时钟保持严格同步。

异步通信：在异步通信中，数据通常是以字符或字节为单位组成数据帧进行传送的。收、发端各有一套彼此独立，互不同步的通信机构，由于收发数据的帧格式相同，因此可以相互识别接收到的数据信息。

在本书中一般只讨论串口异步通信的工作方式，具体数据帧格式如图4-2和图4-3 所示。

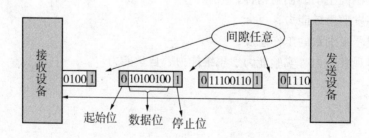

图4-2　串口的异步通信示意图

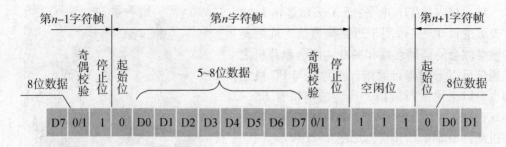

图 4 – 3　异步通信信息帧格式

（1）起始位：在没有数据传送时，通信线上处于逻辑"1"状态。当发送端要发送 1 个字符数据时，首先发送 1 个逻辑"0"信号，这个低电平便是帧格式的起始位。其作用是向接收端表示发送端开始发送一帧数据。接收端检测到这个低电平后，就准备接收数据信号。

（2）数据位：在起始位之后，发送端发出（或接收端接收）的是数据位，数据的位数没有严格的限制，5 ～ 8 位均可。由低位到高位逐位传送。

（3）奇偶校验位：数据位发送完（接收完）之后，可发送一位用来检验数据在传送过程中是否出错的奇偶校验位。奇偶校验是收发双方预先约定好的有限差错检验方式之一。有时也可不用奇偶校验。

（4）停止位：字符帧格式的最后部分是停止位，逻辑"1"电平有效，它可占 1/2 位、1 位或 2 位。停止位表示传送一帧信息的结束，也为发送下一帧信息做好准备。

数据通信中，数据在线路上的传送方式可以分为单工通信、半双工通信和全双工通信三种，分为如图 4 – 4 所示的三种方式。这里的串口异步通信使用第三种的全双工方式。

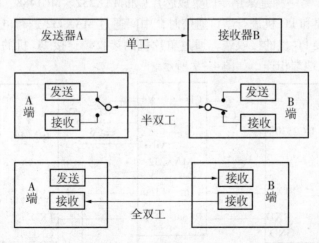

图 4 – 4　数据传送方式

2）PC 机与单片机间的串行通信

单片机内是 TTL 电平：5 V 表示逻辑 1；0 V 表示逻辑 0，只适用于近距离通信，远距离传输必然会使信号衰减和畸变。两台单片机之间通信可以采用串行通信，单片机与 PC 机之间也可以采用串行通信，典型的串口有 RS - 232C、RS - 422、RS - 423、RS - 485 等，其中微机 9 针 D 形串口连接器如图 4 - 5 所示。

RS - 232C 是串行通信的总线标准，定义了 25 条信号线，使用 25 个引脚的连接器；目前在 PC 机中使用 9 针的串口，其中 2 号引脚表示接收，3 号引脚表示发送，5 号引脚表示接地，一般只需要这三根线就可以进行串口异步通信（图 4 - 6）。RS - 232C 采用负逻辑标准：+3 ～ +15 V 表示逻辑 0；-3 ～ -15 V 表示逻辑 1。

图 4 - 5　微机 9 针 D 形串口连接器

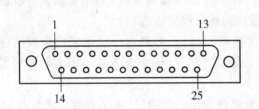
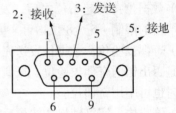

图 4 - 6　25 针和 9 针的串口连接器

由于 TTL 电平和 RS - 232C 的逻辑电平不一致，中间需要接口电路进行连接实现信号电平的转换。接口电路一般采用两种形式：一种是采用运算放大器、晶体管等器件组成的电路来实现；另一种是采用专门集成芯片（如 MAX232、MC1488、MC1489 等）来实现。当单片机需要和 PC 机进行串口通信时，中间通过 MAX232 进行电平转换，通过单片机的发送端连接 PC 机的接收端，通过单片机的接收端连接 PC 机的发送端，再将单片机和 PC 机的接地端相连，如图 4 - 7 所示。

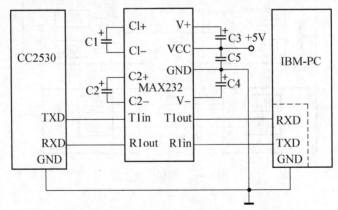

图 4 - 7　用 MAX232 实现串行通信接口电路图

图中 C1、C2、C3、C4 用于电源电压变换，提高抗干扰能力，一般取 1.0 μF/16 V。C5 的作用是对 +5 V 电源的噪声干扰进行滤波，一般取 0.1 μF。发送与接收的对应关系不能接错，否则将不能正常工作。

2. CC2530 串口控制器

通用同步/异步收发器（universal synchronous/asynchronous receiver and transmitter，USART），简称为串。CC2530 有 2 个同样功能的串行通信接口：USART0（串口 0）和 USART1丨（串口 1），可以分别运行于两种模式下：异步 UART 模式（一般采用这个）；同步 SPI 模式（时序要求严格，不容易实现）。这里主要讨论串口的异步通信模数，UART 模式：异步串行接口，提供全双工传送。

1）串行通信的波特率

波特率（baud rate）是串行通信中一个重要概念，它是指传输码元/信号的速率。

比特率的定义是每秒传输二进制数的位数。比特率 = 波特率×log2，一个码元所携带的信息量。标准数据传送速率有 300，600，1200，2400，4800，9600，19 200 b/s 等等。

波特率由 UxBAUD. BAUD[7：0] 和 UxGCR. BAUD_E[4：0] 定义，该波特率用于 UART 传送，也可用于 SPI 传送的串行时钟速率。

$$\text{波特率} = \frac{(256 + \text{BAUD\_M}) \times 2^{\text{BAUD\_E}}}{2^{28}} \times F$$

式中，F 是系统时钟频率，等于 16 MHz RCOSC 或者 32 MHz XOSC，系统时钟默认为 16 MHz 的内部 RC 振荡器，若想采用外部的晶振，必须通过软件来设置。通过 CLKCONCMD. OSC 位可选择主系统时钟源。

```
CLKCONCMD & = ~0x40;//设置时钟晶振为32MHz
while(!(SLEEPSTA & (1 <<6))); /* 等待晶振稳定* /
CLKCONCMD & = ~0x07;/* 时钟不分频* /
```

表 4 −1 为波特率所需的寄存器值，该表适用于典型的 32 MHz 系统时钟。

表 4 −1　标准波特率所需的寄存器值

波特率/Bd	UxBAUD. BAUD_M	UxGCR. BAUD_E	误差/%
2400	59	6	0. 14
4800	59	7	0. 14
9600	59	8	0. 14
14 400	216	8	0. 03
19 200	59	9	0. 14
28 800	216	9	0. 03
38 400	59	10	0. 14
57 600	216	10	0. 03
76 800	59	11	0. 14
115 200	216	11	0. 03
230 400	216	12	0. 03

服务外包产教融合系列教材

```
//设置波特率为57600
U0GCR  |= 10;
U0BAUD  |= 216;
```

2）UART 总线资源

CC2530 单片机有 2 个串口，每个串口都有同步通信和异步通信的方式，各有 2 个位置，分别是位置 1 和位置 2，位于表格左边的为位置 1，右边为位置 2。在同一时刻一个串口只能工作在一个位置。

如串口 0 的异步通信方式的两个位置分别为 P0 口和 P1 口，其中位置 1 有 4 个引脚，P0_2—RX：串口 0 的位置 1 的接收引脚；P0_3—TX：串口 0 的位置 1 的发送引脚；P0_4—CT：串口 0 的位置 1 的允许发送引脚；P0_5—RT：串口 0 的位置 1 的发送请求引脚。

如串口 1 的异步通信方式的位置 2 有 4 个引脚，P1_7—RX：串口 1 的位置 2 的接收引脚；P1_6—TX：串口 1 的位置 2 的发送引脚；P1_5—RT：串口 1 的位置 2 的请求发送引脚；P_4—CT：串口 1 的位置 2 的允许发送引脚。

表 4-2   UART 总线资源一览表

外　设	功　能	P0								P1							
		7	6	5	4	3	2	1	0	7	6	5	4	3	2	1	0
USART0_SP1 Alt2	串口 0 同步通信			C	SS	MO	MI					MO	MI	C	SS		
USART0_UART Alt2	串口 0 异步通信			RT	CT	TX	RX					TX	RX	RT	CT		
USART1_SP1 Alt2	串口 1 同步通信			MI	MO	C	SS			MI	MO	C	SS				
USART1_UART Alt2	串口 1 异步通信			RX	TX	RT	CT			RX	TX	RT	CT				

串口的异步通信有 2 种接线方式：3 线和 5 线。3 线接口：RXD（接收）、TXD（发送）、GND；5 线接口：RXD、TXD、RTS 和 CTS、GND。RTS：请求发送；CTS：允许接收。

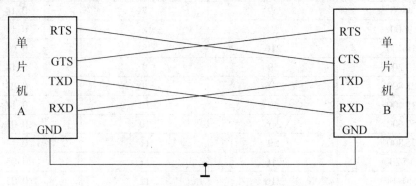

图 4-8   5 线的串口通信连线方式

3. 串口编程实例应用

1）UART 发送

当 UART 收/发数据缓冲器、寄存器 UxDBUF 写入数据时，该字节发送到输出引脚 TX。当 UART 发送缓冲寄存器为空时，准备接收新的发送数据时，就会由硬件把对应的中断标志位 UTXxIF 置 1。

如果要通过串口 0 发送某个变量字符，则该按以下方法操作：

```
    void uart0_send_byte(char tmp)
{
  //发送字符 tmp
        U0DBUF = tmp;
    while(UTX0IF = =0);
    UTX0IF =0;//不可以省掉
}
```

2）UART 接收

当接收缓冲区 UXDBUF 接收到一个新的字符时，会由硬件把中断标志位 URXxIF 置 1。

如果希望从串口 0 获取一个字符，代码如下：

```
char uart0_receive_byte()
{
  //从串口接收一个字符
  while(URX0IF = =0);
  URX0IF =0; //如果该位带阴影,可以由硬件自动清除,不需要软件编程,可省略
  return U0DBUF;
}
```

3）CC2530 串口控制器编程步骤

①总线初始化：选择串口备用位置 PERCFG、外设端口的优先级 P2DIR、初始化为外设 PxSEL、串口的控制和状态 UxCSR；

②数据链路格式化（数据位、停止位、校验位、波特率）：UxUCR、UxGCR、UxBAUD；

注意：设置波特率时，一定要清楚当前的时钟速度。

③读写串口收发寄存器：串口发送和接收缓冲区 UxDBUF、串口发送完成标志位 UTXxIF 或 TX_BYTE、串口接收完成标志位 URXxIF 或 RX_BYTE。

读取数据时，RX_BYTE 置 1，然后读 UxDBuf；

发送数据时，TX_BYTE 置 1，且将准备传送的字节写入 UxDBUF。

4）通过延时函数实现每相隔一段时间让一盏发光二极管的亮灭状态改变一次，并通过串口 0 将"UART0 TX Test"字符内容发送出去，若将单片机与 PC 端相连，可通过 PC 端的串口调试助手查看接收到的"UART0 TX Test"字符内容。

主函数：

```c
#include <ioCC2530.h>
#include <string.h>
#define uint unsigned int
#define uchar unsigned char
#define LED1 P1_0
void Delay(uint);
void initUARTtest(void);
void UartTX_Send_String(char * Data,int len);
void Delay(uint n)
    {
        uint i;
        for(i=0;i<n;i++)
            for(i=0;i<n;i++);
        for(i=0;i<n;i++)
            for(i=0;i<n;i++);
        for(i=0;i<n;i++);
    }


void main(void)
    {
        uchar i;
        char Txdata[30]=" UART0 is init! ";
        P1DIR |= 0x01;   //P1_0端口连接LED,设置为输出
        LED1 = 0;  //初始化LED
        initUARTtest(); //串口初始化
        UartTX_Send_String(Txdata,29);
        for(i=0;i<30;i++)Txdata[i]=' ';
        strcpy(Txdata,"UART0 TX test ");
        while(1)
          {
              UartTX_Send_String(Txdata,sizeof("UART0 TX Test"));
              LED1 = ~LED1;
              Delay(50000);
          }
    }
```

//串口初始化函数

```
void initUARTtest(void)
{
    InitClock();//初始化时钟
    PERCFG = 0x00;//使用备用位置1 P0 口
    P0SEL = 0x3c;//P0 用作外设: 串口
    P2DIR &= ~0XC0; //串口 0 优先级最高
    U0CSR |= 0x80;   //UART 方式
    U0GCR |= 10; //波特率 baud_e 的选择
    U0BAUD |= 216;//波特率设为 57600
    UTX0IF = 0; //串口 0 发送中断标志清零
}
```

串口发送字符串函数

```
//将字符串的内容一个字节一个字节地发送出去,直到将字符串发送完毕
void UartTX_Send_String(char * Data,int len)
{
    int j;
    //每运行一次 for 循环,可以通过串口发送一个字节出去
    for(j=0;j<len;j++)
    {
        U0DBUF = * Data++;//将需要发送的内容先存放在发送缓冲区寄存器,
                        //U0DBUF 这个寄存器只能存放 8 位二进制数,不管
                        //对方是字符型还是整型,传递之后都是以二进制存放
        while(UTX0IF == 0);//当串口发送缓冲区里的数据发送完毕之后会令 UTX0IF
                        //为 1,此时跳出 while 循环,执行下句将 UTX0IF 清零
                        //为下次发送做准备;如果没有发送完毕,UTX0IF 为 0
                        //此时不会跳出 while 循环,一直等待发送结束
        UTX0IF = 0;//将发送结束标志位清零
    }
}
```

☞ 相关寄存器

　　串口操作由控制和状态寄存器 UxCSR 以及控制寄存器 UxUCR,这里的 x 分别表示 0
和 1,代表串口 0 和串口 1。

1. 控制和状态寄存器 U0CSR(表4-3)

表4-3 U0CSR(0x86)控制和状态寄存器

位	名　称	复　位	R/W	描　　述
7	MODE	0	R/W	USART 模式选择　　0：SPI 模式　　1：UART 模式
6	RE	0	R/W	启动 UART 接收器。注意 UART 完全配置之前不能接收 0：禁止接收器　　1：使能接收器
5	SLAVE	0	R/W	SPI 主或从模式选择 0：SPI 主模式　　1：SPI 从模式
4	FE	0	R/W0	UART 帧错误状态 0：无帧错误检测　　1：字节收到不正确停止位级别
3	FRR	0	R/W0	UART 奇偶校验错误状态 0：无奇偶校验检测　　1：字节收到奇偶错误
2	RX_BYTE	0	R/W0	接收字节状态，UART 模式和 SPI 模式。当读 U0DBUF 该位自动清零，通过写 0 清除它，这样有效丢弃 U0BUF 中的数据 0：没有收到字节　　1：接收字节就绪
1	TX_BYTE	0	R/W0	传送字节状态，UART 和 SPI 从模式 0：字节没有传送 1：写到数据缓存寄存器的最后字节已经传送

```
U0CSR |= 0x80;//设置 UART 模式
U0CSR |= 0x40;//串口 0 接收器允许工作
```

RX_BYTE 为串口 0 接收完成标志位，TX_BYTE 为发送完成标志位，该寄存器不能进行位寻址。

2. 串口 0 控制寄存器 U0UCR(表4-4)

表4-4 U0UCR(0xC4)串口 0 控制寄存器

位	名　称	复　位	R/W	描　　述
7	FLUSH	0	R/W1	清除单元。当设置时，该事件将会立即停止当前操作并返回单元的空闲状态
6	FLOW	0	R/W	UART 硬件流使能。用 RTS 和 CTS 引脚选择硬件流控制的使用 0：流控制禁止　　1：流控制使能

位	名 称	复 位	R/W	描 述
5	D9	0	R/W	UART 奇偶校验位。当使能奇偶校验，写入 D9 的值决定发送第 9 位的值。如果收到的第 9 位不匹配收到的字节的奇偶校验，接收报告 ERR 0：奇校验　　　　　　　1：偶校验
4	BIT9	0	R/W	UART 9 位数据使能。当该位是 1 时，使能奇偶校验位传输即第 9 位。如果通过 PARITY 使能奇偶校验，第 9 位的内容是通过 D9 给出的 0：8 位传输　　　　　　　1：9 位传输
3	PARITY	0	R/W	UART 奇偶校验使能。除了为奇偶校验设置该位用于计算，必须使能 9 位模式 0：禁用奇偶校验　　　　　1：使能奇偶校验
2	SPB	0	R/W	UART 停止位数。选择要传送的停止位的位数 0：1 位停止位　　　　　　1：2 位停止位
1	STOP	1	R/W	UART 停止位的电平必须不同于开始位的电平 0：停止位低电平　　　　　1：停止位高电平
0	START	0	R/W	UART 起始位电平，闲置线的极性采用所选起始位级别的电平的相反电平 0：起始位低电平　　　　　1：起始位高电平

3. 收发数据缓冲器 UxDBUF

当收发数据缓冲器 UxDBUF 写入数据时，该字节发送到输出引脚 TXD。UxDBUF 寄存器是双缓冲的。串口 0 和串口 1 各有 2 个缓冲区，分别是发送缓冲区和接收缓冲区。虽然这 2 个缓冲区名字一样，都叫 U0DBUF 或 U1DBUF，事实上是独立互不影响的。U0DBUF 可以表示串口 0 的发送缓冲区或者串口 0 的接收缓冲区，如表 4 - 5 所示。

表 4 - 5　U0DBUF（0xC1）串口 0 接收/传送数据缓存

位	名 称	复 位	R/W	描 述
7：0	DATA[7：0]	0x00	R/W	USART 接收和传送数据。当写这个寄存器时数据被写到内部的传送数据寄存器；当读取该寄存器时，数据来自内部读取的数据寄存器

```
unsigned char temp;//定义一个字符型变量
temp = U0DBUF;//读出 U0DBUF 中的数据
```

4. 通用控制寄存器 UxGCR 和 UxBAUD

可以通过设置通用控制寄存器 U0GCR 的低 5 位和波特率控制寄存器 UxBAUD 一起来设置波特率，如表4-6、表4-7所示。

表4-6　U0GCR(0xC5)通用控制寄存器

位	名　称	复　位	R/W	描　述
7	CPOL	0	R/W	SPI 的时钟极性 0：负时钟极性 1：正时钟极性
6	CPHA	0	R/W	SPI 时钟相位 0：当 SCK 从 CPOL 倒置到 CPOL 时数据输出到 MOSI，并且当 SCK 从 CPOL 倒置到 CPOL 时数据抽样到 MISO 1：当 SCK 从 CPOL 倒置到 CPOL 时数据输出到 MOSI，并且当 SCK 从 CPOL 倒置到 CPOL 时数据抽取到 MISO
5	ORDER	0	R/W	传送位顺序 0：LSB 先传送 1：MSB 先传送
4：0	BAUD_E[4：0]	00000	R/W	波特率指数值。BAUD_E 和 BAUD_M 决定了 UART 的波特率和 SPI 的主 SCK 时钟频率

表4-7　U0BAUD (0xC2) 串口0 波特率控制

位	名　称	复　位	R/W	描　述
7：0	BAUD_M[7：0]	0x00	R/W	波特率小数部分的值。BAUD_E 和 BAUD_M 决定了 UART 的波特率和 SPI 的主 SCK 时钟频率

5. 相关特殊功能寄存器 PERCFG(表4-8)和 P2DIR (表4-9)

PERCFG：设置各设备 IO 口位置在位置1还是位置2。

```
//设置串口 0 为位置 1
PERCFG &= ~(1 << 0);
```

表4-8　PERCFG (0xF1)外设控制寄存器

位	名　称	复　位	R/W	描　述
7	—	0	R0	没有使用
6	T1CFG	0	R/W	定时器 1 的 I/O 位置 0：备用位置1　　　　1：备用位置2
5	T3CFG	0	R/W	定时器 3 的 I/O 位置 0：备用位置1　　　　1：备用位置2

位	名 称	复 位	R/W	描 述
4	T4CFG	0	R/W	定时器4的I/O位置 0：备用位置1　　　　　　1：备用位置2
3：2	—	00	R0	没有使用
1	U1CFG	0	R/W	USART 1的I/O位置 0：备用位置1　　　　　　1：备用位置2
0	U0CFG	0	R/W	USART 0的I/O位置 0：备用位置1　　　　　　1：备用位置2

当P0口和P1口上有多个外设同时占用某引脚工作时，需要设置优先级来判断相关外设的优先级。例如，P0_2引脚可以接串口0的位置1的RX接收引脚，也可以同时接串口1的位置1的CT同意接收引脚，还可以接定时器1位置1的通道0引脚。

表4-9　P2DIR(0xFF)端口2方向和端口0外设优先级控制寄存器

位	名 称	复 位	R/W	描 述
7：6	PRIP0[1：0]	0	R/W	P0口外设优先级控制。当PERCFG分配给一些外设到相同引脚时，这些位将确定优先级。详细优先级列表： 00：第1优先级：串口0；第2优先级：串口1；第3优先级：定时器1 01：第1优先级：串口1；第2优先级：串口0；第3优先级：定时器1 10：第1优先级：定时器1通道0～1；第2优先级：USART 1；第3优先级：串口0；第4优先级：定时器1通道2～3 11：第1优先级：定时器1通道2～3；第2优先级：串口0；第3优先级：串口1；第4优先级：定时器1通道0～1
5	—	0	R0	没有使用
4：0	DIRP2_[4：0]	00000	R/W	P2_0到P2_4的I/O方向

6. 中断标志寄存器(表4-10)

表4-10　TCON(0x88)中断标志寄存器

位	名 称	复 位	R/W	描 述
7	URX1IF	0	R/WH0	USART 1 RX中断标志。当USART 1 RX中断发生时设为1且当CPU指向中断向量服务例程时清除 0：无中断未决　　　1：中断未决

位	名　称	复　位	R/W	描　述
6	—	0	R/W	没有使用
5	ADCIF	0	R/WH0	ADC 中断标志。ADC 中断发生时设为 1 且 CPU 指向中断向量例程时清除 0：无中断未决　　　1：中断未决
4	—	0	R/W	没有使用
3	URX0IF	0	R/WH0	USART 0 RX 中断标志。当 USART0 中断发生时设为 1 且 CPU 指向中断向量例程时清除 0：无中断未决　　　1：中断未决
2	IT1	1	R/W	必须一直设为 1。设置为零将使能低级别中断探测，几乎总是如此(启动中断请求时执行一次)
1	RFERRIF	0	R/WH0	RF TX／RX FIFO 中断标志。当 RFERR 中断发生时设为 1 且 CPU 指向中断向量例程时清除 0：无中断未决　　　1：中断未决
0	IT0	1	R/W	必须一直设为 1。设置为零将使能低级别中断探测，几乎总是如此(启动中断请求时执行一次)

任务 9　串口发送

4.1.1　任务环境

(1)硬件：CC2530 开发板 1 块(LED 模块)，串口线，CC2530 仿真器，PC 机；

(2)软件：IAR-EW8051-8101 或 IAR-EW8051-760A。

4.1.2　框图设计

CC2530 开发板上的串口通信若如图 4 – 9 所示采用 9 针串口接头，则原理图如图 4 – 10 所示，在单片机的 IO 引脚和 9 针串口接头之间需要一块 MAX232 的芯片。当用单片机和 PC 机通过串口进行通信，尽管单片机有串行通信的功能，但单片机提供的信号电平和 RS232 的标准不一样，因此要通过 MAX232 这种类似的芯片进行电平转换。MAX232 芯片为 RS – 232 标准串口设计的单电源电平转换芯片，使用 + 5V 单电源供电。

图 4 - 9　带 9 针串口通信的单片机开发板

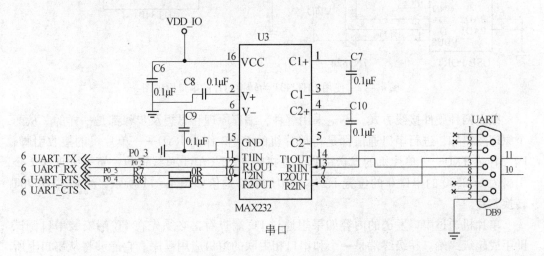

图 4 - 10　使用 MAX232 为转换芯片的串口通信原理图

　　CC2530 开发板上的串口通信若如图 4 - 11 所示的方口为串口通信转换，则原理图如图 4 - 12 所示，在单片机的 IO 引脚和方口之间需要一块 CHT340T 芯片。该方口为 USB 转串口线的一端接头，通过该方口既可以给单片机开发板供电，也可以进行单片机和 PC 机的串口通信。CH340T 是一个 USB 总线的转接芯片，在计算机端的 Windows 操作系统下，CH340T 的驱动程序能够仿真标准串口，可以进行串口操作，与绝大部分原串口应用程序完全兼容，通常不需要做任何修改。CH340T 可以用于升级原串口外围设备，或者通过 USB 总线为计算机增加额外串口。通过外加电平

图 4 - 11　单片机开发板的 USB 转串口实物图

转换器件，可以进一步提供 RS232、RS485、RS422 等接口。

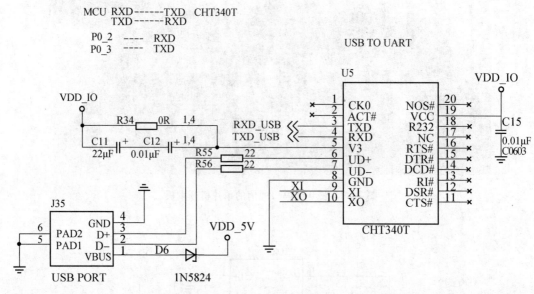

图 4 – 12   使用 CHT340T 为转换芯片的串口原理图

以上两种硬件接线方式，不论采用哪种，编程原理和思想及步骤都是一样的。从两个原理图得知，进行串口通信都是将单片机的 P0_2 作为 RXD——单片机的接收引脚，P0_3作为 TXD——单片机的发送引脚。查找表 4 – 2 UART 总线资源一览表发现这 2 个引脚为 CC2530 的串口 0 的位置 1。本书中的串口通信如图 4 – 11 所示，采用 CHT340T 转换芯片。

单片机通过串口发送的内容如果想通过 PC 端查看，必须先在 PC 端安装串口调试助手或超级终端。超级终端是一个和串口相关联的窗口应用程序。它能够将从串口上所接收到的字符显示出来，同时当该窗口激活时能够把键盘所键入的字符从串口发送出去；超级终端能够从串口收发字符成功的前提是串口通信双方所约定的收发格式一致。它和一般的串口调试助手类似，但有区别：超级终端不会以 16 进制的形式显示所接收的字符编码；而串口调试助手不会把键盘输入的字符实时从串口发送出去，需要点击手动发送。

4.1.3 任务实施

连接单片机的下载线和 USB 转方口的连接线，连接好方口线之后，打开 PC 机的设备管理器，通过设备管理器中查看 COM 口，查找是哪个 COM。一般方口线直接相连后，静待 20 s 就会出现设备。若打开设备管理器发现出现如图 4 – 13 所示的问号，没有识别出该设备，则需要右键点击问号更新安装 USB 转串口的驱动 CH341SER。更新安装驱动之后，如图 4 – 14 所示，多了一个 COM3，则此时就是 COM3 口。在串口助手上选择 COM3 口。若不清楚刚才连上的是哪个 COM，断开方口线，再重新连接方口线。

图 4 – 13 没有识别出 USB 转串口　　　　图 4 – 14 安装驱动后

打开串口调试助手，设置好 COM 口和波特率等信息，就可以查看到单片机从串口发送出来的信息了。

编程实现在串口调试助手上每隔一段时间显示"HELLO WORLD！"使用 CC2530 的串口 0 来和 PC 机通信，通信格式为：8 位数据位，1 位停止位，没有奇偶校验位，没有流控，波特率为 115200。

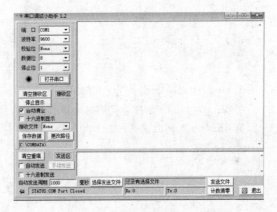

图 4 – 15 串口聊天助手界面图

```
#include <ioCC2530.h>
#define  uint  unsigned int
#define  uchar unsigned char
void delay(uint);
char Txdata[25];
void set_clock_speed()//时钟初始化
{
//把系统的高速时钟设置为 32 MHz
    CLKCONCMD& = ~ (1 << 6);
    while(CLKCONSTA&(1 << 6));
    CLKCONCMD& = ~ 0X07;
}
```

```
void delay(unsigned int count)//延时函数
{
    unsigned int i,j;
    for(i=0;i<count;i++)
    for(j=0;j<10000;j++);
}
void uart0_init()//串口初始化
{
    //补充代码实现初始化:USART0 选择 uart 模式,管脚为 P0(位置1),
    //数据格式为:8 位数据位,1 位停止位,没有奇偶校验位,没有流控,波特率为115200,
    //LSB 发送模式,1 为停止,0 为起始
    PERCFG = 0x00;   // 设置外设控制为 P0
    P0SEL = 0x3c;   // 选择 P0_2,P0_3,P0_4,P0_5 作为串口
    P2DIR &= ~0XC0;//P0 优先作为 UART0
    U0CSR |= 0x80;//UART 方式
    U0GCR |= 9;
    U0BAUD |= 59;   //波特率设为 19200
}


void main()
{
    set_clock_speed();//时钟初始化
    uart0_init();//串口初始化
    strcpy(Txdata," HELLO WORLD!! ");
    while(1)
     {
        int j;
        for(j = 0; j < 25; j++)
         {//串口发送字节
            U0DBUF = Txdata[j];// 填充数据到串口数据寄存器
            while((U0CSR&(1<<1))==0);
            //TX_BYTE=0 等待,TX_BYTE=1 时跳出,
            //通过测试 TX_BYTE 标志位是否为 1 等待字节发送完毕
            U0CSR&= ~(1<<1)); // 将 TX_BYTE 标志位清零
         }
        delay(50);  //延时
     }
}
```

(1)编译链接程序后下载到 CC2530 板子上,验证串口调试助手上是否完成了显示任务,修改代码中的"HELLO WORLD!!"为"HELLO WORLD!! \ r",编译、下载,观察运行结果。

（2）再修改成"HELLO WORLD!! \ r\ n"观察运行结果。

（3）将上述代码中实现串口发送的3句代码可以换成以下方法，请测试并思考还有什么方法，for循环里的三句代码是否可以变化成其他的顺序？

```
for(j = 0; j < 25; j++)
        {//串口发送字节
U0DBUF = Txdata[j];
while(UTX0IF == 0);
UTX0IF = 0;
        }
```

任务10　串口接收

4.2.1　任务环境

（1）硬件：CC2530开发板1块（LED模块），串口线，CC2530仿真器，PC机；

（2）软件：IAR-EW8051-8101或IAR-EW8051-760A。

4.2.2　任务实施

（1）建立IAR工程，编写程序，实现在串口调试助手上把键盘输入的字符回显出来。

```
//程序实现在串口调试助手上把键盘输入的字符回显出来
#include <ioCC2530.h>
void set_clock_speed()
{
//将系统的高速时钟设置为32 MHz
  CLKCONCMD&= ~(1<<6);
  while(CLKCONSTA&(1<<6));
  CLKCONCMD& = ~0X07;
}
```

```
void uart0_init()
{//USART0 选择 uart 模式,管脚为 P0,数据格式为 8 位数据位,1 位停止位,
  //没有校验位,波特率为 19200,LSB 发送模式,1 为停止,0 为起始
  PERCFG& = ~0x01;;//将串口 0 的位置选在 P0 口:PERCFG 的第 0 位清 0
  P2DIR& = ~0XC0;//P0 口的外设优先级控制设为串口 0 优先:P2DIR[7:6]清 0
  P0SEL | =0X0C;;//P0 口的 2、3 管脚设为外设工作方式
  U0CSR | =0XC0;//USART0 工作的 UART 模式,接收使能
  U0GCR | = 10; //波特率 baud_e 的选择
  U0BAUD | = 216;//波特率设为 57600
  UTX0IF = 0;
  URX0IF = 0;
}
```

```
void uart0_send_byte(char tmp)
{
    //将字节 tmp 从串口 0 发送出去
    U0DBUF = tmp;//将 tmp 中的内容从发送缓冲区 U0DBUF 中发送出
    while(UTX0IF = =0);//也可以写成 while(!UTX0IF);
    UTX0IF = 0;
}
```

```
char uart0_receive_byte(void)
{
    //从串口 0 接收一个字节
        while(URX0IF = =0);//当 URX0IF(发送完成标志位)为 1 时跳出循环
                        //等待发送完成
        URX0IF = 0;//将发送完成标志位清 0,可省略不写
                        //因为该寄存器为阴影,所以可以通过硬件自动清零
        return U0DBUF;//从 U0DBUF 接收缓冲区中接收内容
}
```

```
void main()
{//补充完整
    char buf;
    set_clock_speed();
    uart0_init();

    while(1)
    {
        buf = uart0_receive_byte();//从串口 0 接收一个字符到 buf;

        uart0_send_byte(buf);//把接收到的字符又给串口 0 发送回去
    }
}
```

（2）通过超级终端实现，在键盘上输入 2 个数字发送给单片机，单片机将 2 个数字进行加法计算之后将结果再发回给超级终端，具体实现代码如下：

```
#include <ioCC2530.h>
#include <stdio.h>
void set_clock_speed()
{
    CLKCONCMD& = ~ (1 << 6);
    while(CLKCONSTA&(1 << 6));
    CLKCONCMD& = ~0X7;
}
```

```
void uart0_init()
{//USART0 选择 uart 模式,管脚为 P0,数据格式为 8 位数据位,1 位停止位,
  //没有校验位,波特率为 115200,LSB 发送模式,1 为停止,0 为起始
  PERCFG& = ~0X1;//将串口 0 的位置选在 P0 口:PERCFG 的第 0 位清 0
  P2DIR& = ~(0X3 << 6);//P0 口的外设优先级控制设为串口 0 优先
  P0SEL | = (0X3 << 2);//P0 口的 2 3 管脚设为外设工作方式
  U0CSR = (1 << 7) | (1 << 6);//USART0 工作的 UART 模式,接收使能
  U0UCR =1 << 1;//据格式为 8 位数据位,1 位停止位,没有校验位
  U0GCR =11;//波特率为 115200
  U0BAUD =216;
}
//将字节 tmp 从串口 0 发送出去
void uart0_send_byte(char tmp)
{
  U0DBUF = tmp;//tmp 写入串口 0 的发送缓冲区
  while((U0CSR&(1 << 1)) = =0);//通过测试 TX_BYTE 标志位是否为 1
                              //等待字节发送完毕
  U0CSR& = ~(1 << 1);//手工清除 TX_BYTE 标志位,为下次发送做准备
                    //如果没有该步操作可能会出现发送错误
}
```

```
//从串口 0 接收一个字节
char uart0_receive_byte(void)
{
  while((U0CSR&(1 << 2)) = =0);//通过 RX_BYTE 位来测试串口 0 是否收到了
                              //一个新的字节
  return U0DBUF;//返回接收缓冲区中的值
}
```

```
//发送 ASCII 字符,这里 uart0_send_ascii 和 uart0_send_byte 的区别类
//似于在 C 语言中,文本文件的读写和二进制文件的读写
void uart0_send_ascii(char tmp)
{
  //如果是换行符,则需先发送一个回车符
  if(tmp = = '\n')
    uart0_send_byte('\r');
  uart0_send_byte(tmp);
}
```

```
//接收一个 ASCII 字符
char uart0_receive_ascii(void)
{
  /* 对于有些超级终端,当敲击键盘上的"Enter"时,发的是回车符,
  但对于文本处理,换行符则有意义得多,所以当收到一个'\r'时,
  直接替换成'\n';但对于另外一些超级终端,当敲击键盘上的"Enter"
  时,又会发出\r\n 两个字符,这里也需要做修改*/
  char c;
  c = uart0_receive_byte();
  if(c == '\r')
    c = '\n';
  return c;
}
```

```
__near_func int putchar(int c)
{
  uart0_send_ascii(c);
  return c;
}
```

```
__near_func int getchar(void)
{
  return putchar(uart0_receive_ascii());
}
```

```
void main()
{
  int x,y;
  set_clock_speed();
  uart0_init();
  while(1)
  {
    printf("Please input two integer:\n");
    scanf("%d%d",&x,&y);
    printf("x+y=%d\n",x+y);
  }
}
```

（3）上述串口通信任务完成后，可以尝试 2 人合作，A 使用一台电脑 + 单片机开发板 + 下载线，B 使用一台电脑 + 单片机开发板 + 下载线，将两块板子上的地线通过杜邦线相连，将 A 的 TXD 发送引脚连接 B 的 RXD 接收引脚，A 单片机交替性发送 0X55 和

0XAA 给 B 单片机，B 单片机接收串口的信息，并通过串口信息使 8 路 LED 灯闪烁，注意两块单片机的波特率需一致。

本例中 A 单片机发送端采用串口 1 的位置 2，接 P1.6 引脚，接收端采用串口 1 的位置 2，接 P1.7 引脚，再连接两块板的 GND 引脚，发送和接收端的波特率设置一致，都为 9600。

//A 单片机：发送端代码

```
#include <ioCC2530.h>
void set_clock_speed()
{
  CLKCONCMD& = ~ (1 << 6);
  while(CLKCONSTA&(1 << 6));
  CLKCONCMD& = ~0X7;
}
void delay(unsigned int count)//延时函数
{
    unsigned int i,j;
  for(i = 0;i < count;i + +)
     for(j = 0;j < 10000;j + +) ;
}
void uart1_init()
{
  PERCFG | =0X02;//将串口 1 的位置选在 P1 口:PERCFG 的第 1 位置为 1
  P1SEL | =0X40;//P1 口的 6 管脚设为外设工作方式
  U1CSR = (1 << 7) | (1 << 6);//USART1 工作的 UART 模式,接收使能
  U1UCR =1 << 1;//据格式为 8 位数据位,1 位停止位,没有校验位
  U1GCR =8;//波特率为 9600
  U1BAUD =59;
}


//将字节 tmp 从串口 1 发送出去
void uart1_send(char tmp)
{
  U1DBUF = tmp;//tmp 写入串口 1 的发送缓冲区
  while((U1CSR&(1 << 1)) = =0);//通过测试 TX_BYTE 标志位是否为 1,
                     //等待字节发送完毕
  U1CSR& = ~ (1 << 1);//手工清除 TX_BYTE 标志位,为下次发送做准备,
             //如果没有该步操作可能会出现发送错误
}
void main()
{
```

```
char buf;
set_clock_speed();
uart1_init();
while(1)
{
    buf =0x55;
    uart1_send(buf);//把 buf 从串口 1 发送出去
    delay(100);
    buf =0xAA;
    uart1_send(buf);//把 buf 从串口 1 发送出去
    delay(100);
}
}
```

//B 单片机：接收端代码

```
#include <ioCC2530.h>
void set_clock_speed()
{
    CLKCONCMD& = ~ (1 << 6);
    while(CLKCONSTA& (1 << 6));
    CLKCONCMD& = ~0X7;
}


void InitIO(void)//P0 口 LED 灯初始化
{
    P0SEL& = ~0XFF;
    P0DIR | =0XFF;
}


void uart1_init()
{
    PERCFG | =0X02;//将串口 1 的位置选在 P1 口: PERCFG 的第 1 位为 1
    P1SEL | =0X80;//P1 口的 7 管脚设为外设工作方式
    U1CSR = (1 << 7) | (1 << 6);//USART1 工作的 UART 模式,接收使能
    U1UCR =1 << 1;//据格式为 8 位数据位,1 位停止位,没有校验位
    U1GCR =8;//波特率为 9600
    U1BAUD =59;
}


//从串口 1 接收一个字节
```

```
char uart1_receive(void)
{
    while((U1CSR&(1<<2)) = =0);//通过 RX_BYTE 位来测试串口 1 是否
                                //收到了一个新的字节
    return U1DBUF;//返回接收缓冲区中的值
}


void main()
{
  set_clock_speed();
    InitIO();
  uart1_init();
  while(1)
  {
    uart1_receive();
    P0 =U1DBUF;//将接收缓冲区的内容赋值给 P0 口的 LED,控制闪烁
  }
}
```

任务 11　串口中断

4.3.1　任务环境

(1)硬件：CC2530 开发板 1 块(LED 模块)，串口线，CC2530 仿真器，PC 机；
(2)软件：IAR-EW8051-8101 或 IAR-EW8051-760A。

4.3.2　框图设计

串口 0 的接收中断在 CC2530 中断控制器原理图的路由通道如图 4 - 16 所示，进行串口 0 接收中断初始化时，需要将 URX0IE 使能允许开关闭合。

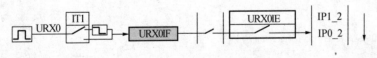

图 4 - 16　串口 0 接收中断控制图

串口发送、接收中断的向量描述如表 4 - 11 所示，其中串口 0 接收的中断名称为 URX0，中断向量为 0x13H。

表 4 – 11　CC2530 串口中断一览表

中断号码	描　　述	中断名称	中断向量	中断屏蔽	中断标志
2	USART0 RX 完成	URX0	13H	IEN0. URX0IE	TCON. URX0IF(1)
3	USART1 RX 完成	URX1	1BH	IEN0. URX1IE	TCON. URX1IF(1)
7	USART0 TX 完成	UTX0	3BH	IEN2. UTX0IE	IRCON2. UTX0IF
14	USART1 TX 完成	UTX1	73H	IEN2. UTXIE	IRCON2. UTX1IF

4.3.3　任务实施

（1）将下述代码编译链接，下载到单片机开发板上，连接单片机到 PC 机的串口通信线，试着通过串口调试助手发送一些内容给单片机，单片机接收到内容会进入中断，观察实验结果并给下列代码进行注释。

```
#include <ioCC2530.h>
#include <stdio.h>
void set_clock_speed()
{
  CLKCONCMD& = ~(1 <<6);
  while(CLKCONSTA&(1 <<6));
  CLKCONCMD& = ~0X7;
}
void uart0_init()
{
  PERCFG& = ~0X1;
  P2DIR& = ~(0X3 <<6);
  P0SEL| = (0X3 <<2);
  U0CSR = (1 <<7)|(1 <<6);
  U0GCR =11;
  U0BAUD =216;
  URX0IF =0;
  URX0IE =1;
  UTX0IF =1;
}
void uart0_send_byte(char tmp)
{
    while(UTX0IF ==0);
    UTX0IF =0;
    U0DBUF = tmp;
}
void main()
```

```
{
  set_clock_speed();
  uart0_init();
  EA = 1;
  while(1);
}
#pragma vector = 0x13
__interrupt void uart0_receive_isr(void)
{
  char tmp;
  tmp = U0DBUF;
  uart0_send_byte(tmp);
}
```

上述代码中除了可以使用"#pragma vector = 0x13",也可以采用"#pragma vector = URX0",都会指向串口 0 中断向量,进入串口 0 的中断入口地址,执行串口 0 的中断服务程序。

(2)串口发送函数的写法有以下两种,请注意两种不同的书写顺序和前提条件,运行之后都可以实现将内容通过串口发送出去,试将下面的空填充完整。当串口 0 发送完成时,会自动通过硬件将 UTX0IF 置 1,而该寄存器需要通过手动清零。

方法一:

```
    ……
UTX0IF = 1;//发送缓冲区空标志置 1,为 1 时就是"空"
}
void uart0_send_byte(char tmp)//发送 tmp 至串口缓冲区
{   //发送字符 tmp
_____/* 等待发送缓冲区为空,此标志位为 0 时等待,不跳出,
                       为 1 时发送完成即为空,并跳出这步,执行到下一步* /
_____/* 发送缓冲区空标志手动清 0,由于上步为 1 时才会执行
                       到这步,这步就需要清 0* /
_____/* 字符 tmp 从发送缓冲区发送出去* /
}
```

方法二:

```
    ……
UTX0IF = 0;//发送缓冲区标志位清 0
}
void uart0_send_byte(char tmp)//发送 tmp 至串口缓冲区
{   //发送字符 tmp
_____//字符 tmp 从发送缓冲区发送出去
```

```
_____     //等待发送缓冲区发送完成即为空,此标志位为 0 时等待,
                     //执行死循环不跳出,为 1 时就是发送完成,跳出循环执行到下一步
_____     //发送缓冲区空标志手动清 0
}
```

☞ **课后阅读**

1. 在任务 10 中定义了 uart0_send_byte 函数可以向串口发送一个字符,当然在此基础上可以实现如何向串口发送一个字符串的函数。我们是否可以用 C 语言的标准 IO 函数 printf 呢? printf 强大的格式控制能够带来很大的方便。

printf 最终会导致 putchar 的调用,所以只需把 putchar 的输出定向到串口即可。

由于 printf 的运行消耗内存较多,所需工程的缺省存储模型如图 4-17 所示,在 Code nodel 中选择 Banked 分组的模式,并在工程中添加如下代码:

```c
#include <stdio.h>
__near_func int putchar(int c)
{
    uart0_send_byte(c);
    return c;
}
```

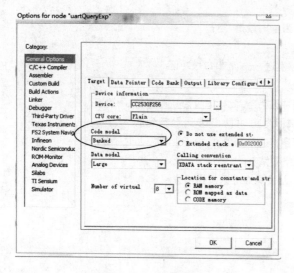

图 4-17 分组配置

图 4-18 开发板 B 的 USB 转串口

然后我们就可以在代码中用 printf 进行输出了。

2. 在使用开发板 B 需要进行串口通信时,开发板 B 的 uart 串口接口(USB 转串口,圈内)如图 4-18 所示,按照以下步骤进行:

编写代码，先按正常连线和步骤进行编译下载，如图 4-19 所示，下载时需要接下载器，下载好之后，断开下载器和方口线，再将方口线直接接在单片机开发板的 USB 转串口上，如图 4-20 所示。如果电源指示灯不亮，则将 RST 旁边的拨码开关打到 OFF 位置。

图 4-19　调试界面连接下载器　　　　图 4-20　调试界面和 PC 机进行串口通信

如图 4-20 连接好之后，打开设备管理器，通过设备管理器中查看 COM 口，查找是哪一个 COM。一般方口线直接相连后，静待 20 s 就会出现设备。

若直接将方口线接在单片机上，打开设备管理器发现出现如图 4-21 的"？"，则需要右键点击问号更新安装 USB 转串口的驱动。驱动文件为 CH341SER，更新安装驱动之后，如图 4-22 所示，多了一个 COM3，则此时就是 COM3 口。在串口助手上选择COM3 口。如果不清楚自己刚才连上的是哪个 COM，就断开方口线，再重新连接方口线。

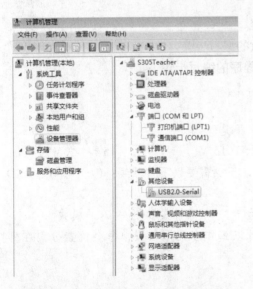
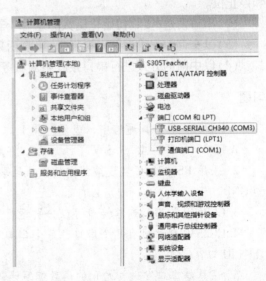

图 4-21　调试界面没有识别出 USB 转串口　　　图 4-22　调试界面安装驱动后

打开串口调试助手，如图4-23所示，设置好COM口、波特率等信息，计算机就可以和单片机进行串口通信了。若修改了代码需要重新下载，则回到图4-19连接下载器下载代码，再如图4-20所示直接相连进行串口通信。

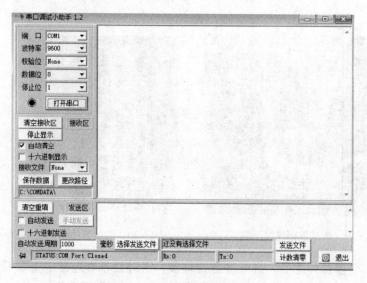

图4-23　串口聊天助手界面图

项目总结

(1)串口通信协议中数据帧格式由四部分组成，包括起始位、数据位、奇偶校验位和停止位。

(2)串口发送/接收初始化函数的编写步骤。

(3)以查询的方式进行串口发送/接收函数的编写步骤。

(4)以中断的方式进行串口接收中断服务程序的编写步骤。

习题

1. RS232-C串口通信中，表示逻辑1的电平是(　　)。

A. 5 V　　　　　　B. 3.3 V　　　　　　C. +3～+15 V　　　　　　D. -15～-3 V

2. 采用RS232-C实现最简单的双机互联，至少需要以下信号线：(　　　　)、RXD和GND。

3. CC2530的串行通信接口可以分别运行于(　　　　)模式和(　　　　)模式。

4. CC2530单片机有几个串口，每个串口可以工作在几个位置，每个位置分别在哪几个IO口？

5. 试总结串口发送初始化的函数编写步骤。

项目五 定时器

本项目主要内容是 CC2530 的定时器控制与编程，包含 3 个任务。

任务 1 通过 CC2530 定时器 1 的定时中断服务函数代替普通的 delay( ) 延时函数，控制 LED 等的闪烁；

任务 2 通过 CC2530 定时器 3 的定时中断服务函数控制 LED 等的闪烁；

任务 3 利用 PWM 控制对发光二极管调光，通过串口通信，从键盘中输入 LED 亮度级别，令 LED 灯发出相应的亮度。

☞ 项目目标

知识目标

    (1)理解 CC2530 定时器的原理；

    (2)熟悉 CC2530 定时器 1 的几种工作方式；

    (3)熟悉定时器 1 和定时器 3 编程；

    (4)掌握 PWM 的调节原理及编程。

技能目标

    (1)会计算定时器的工作频率以及溢出次数；

    (2)能够使用自由运行模式、模计数模式、正计数/倒计数模式等分别来定时/计数；

    (3)能够使用 PWM 方式将速度/亮度进行分等级。

情感目标

    (1)培养积极主动的创新精神；

    (2)锻炼发散思维能力；

    (3)养成严谨细致的工作态度；

    (4)培养观察能力、实验能力、思维能力、自学能力。

☞ 原理学习

1. 定时器分类

CC2530 有 5 个定时器，分别是定时器1、定时器2、定时器3、定时器4、睡眠定时器。其中睡眠定时器和定时器 2 配合使用，可以使 CC2530 进入低功耗模式。

2. 定时器 1

定时器 1 是一个独立的 16 位定时器，支持定时/计数功能，5 个捕获/比较通道，上升沿、下降沿或任何边沿的输入捕获，设置、清除或切换输出比较，自由运行、模计数或正计数/倒计数操作，可被 1、8、32 或 128 整除的时钟分频器，在每个捕获/比较和最终计数上生成中断请求，DMA 触发功能。CC2530 外设 IO 引脚映射如表 5-1 所示，5 个捕获/比较通道的位 1 分别为：通道 0、1、2、3、4 的输出管脚为 P0_2，P0_3，P0_4，P0_5，P0_6；位 2 分别为：通道 0、1、2、3、4 的输出管脚为 P1_2，P1_1，P1_0，P0_7，P0_6。在同一时刻，这 5 通道只能由位置 1 或者位置 2 输出。

表 5-1　CC2530 外设 IO 引脚映射

外设/功能	P0								P1								P2				
	7	6	5	4	3	2	1	0	7	6	5	4	3	2	1	0	4	3	2	1	0
ADC	A7	A6	A5	A4	A3	A2	A1	A0													T
USART0_SP1			C	SS	MO	MI															
Alt2											MO	MI	C	SS							
USART0_UART			RT	CT	TX	RX															
Alt2											TX	RX	RT	CT							
USART1_SP1			MI	MO	C	SS															
Alt2												MI	MO	C	SS						
USART1_UART			RX	TX	RT	CT															
Alt2												RX	TX	RT	CT						
TIMER1 Alt2		4	3	2	1	0															
	3	4												0	1	2					
TIMER3 Alt2									1	0											
												1	0								
TIMER4 Alt2															1	0					
																		1		0	
32kHz XOSC																	Q1	Q2			
DEBUG																			DC	DD	

计数器 1 通过 T1CNTH 和 T1CNTL 两个寄存器组合成 16 位寄存器来计数，每经历一个时钟脉冲，寄存器的值就加 1，16 位寄存器能表示的最大数为 16 个 1，也就是 2 的 16 次方，表示为十进制数就是 65 535。定时器 1 的 3 种操作模式如下：

1）自由运行模式

计数器从 16 个 0 开始，每个活动时钟边沿增加 1。当计数器达到 16 个 1（65 535）之后溢出，计数器重新载入 0，由硬件自动产生标志位 IRCON. T1IF 和 T1STAT. OVFIF。

若进行了相应的中断设置(开关),将产生一个中断请求。自由运行模式可以用于产生独立的时间间隔,并输出信号频率。图5-1中,定时器1每相隔时间 t 就会溢出一次。通过设置系统频率,定时器分频值,定时器1的分频值就可以设置不同的溢出时间 t。

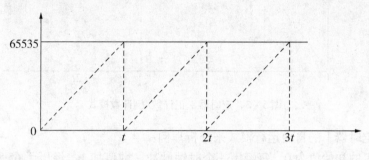

图5-1 定时器1自由运行模式

2)模计数模式

在这种模式下需要设置 T1CC0H 和 T1CC0L 两个寄存器,当16位计数器从0开始,每个活动时钟边沿增加1。当计数器达到 T1CC0(T1CC0H 和 T1CC0L 组合的值)时会溢出,再经历一个时钟边沿脉冲计数器将复位到0,并继续递增,以此循环,如图5-2所示。

如果16位计数器不是从0开始计数,而是开始于一个比 T1CC0 大的值,当达到65 535时,产生中断标志位。若进行了相应的中断设置,将产生一个中断请求。模计数器模式可以用于周期不是65 536的应用程序。

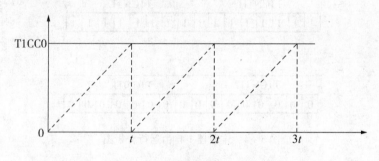

图5-2 定时器1模计数模式

3)正计数/倒计数模式

从0开始,"正计数"直到达到 T1CC0 时,然后计数器将进行"倒计数"直到0x0000,如图5-3所示。这个定时器的输出模式用于周期必须是对称输出脉冲而不是0xFFFF的应用程序,因此允许中心对齐的 PWM 输出应用的实现。在正计数/倒计数模式,达到最终计数值时溢出,产生中断标志位。若进行了相应的中断设置,将产生一个中断请求。

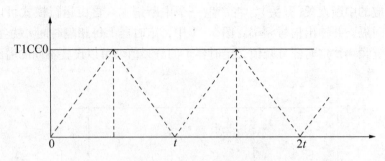

图5-3　定时器1正计数/倒计数模式

下面以定时器1的自由运行模式来分析举例：

定时器1的初始值为0，每经历一个时钟脉冲，数值加1，经历了65 535个时钟脉冲后变成16个1，同时产生中断溢出标志位：IRCON. T1IF和T1STAT. OVFIF。T1CNTH和T1CNTL这两个寄存器里的值从16个0逐渐增加到16个1到再次回到16个0，需要经过65 536个时钟脉冲，如图5-4所示。这里的一个时钟脉冲的时间需要通过设置系统时钟来确定。具体系统时钟设置方法详见"系统时钟与电源"章节。

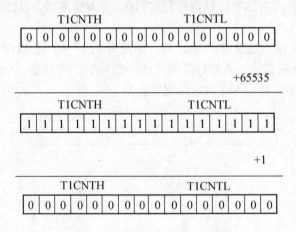

图5-4　定时器1自由运行分析图

（1）当定时器1为自由运行模式下时，每次定时器1的T1CNTH和T1CNTL从16个0递增再次回到16个0的具体时间，以及相关寄存器设置如图5-5所示。

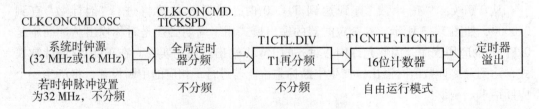

图5-5　定时器1溢出时间分析图1

当系统时钟脉冲为 32 MHz(相关寄存器为 CLKCONCMD 的 OSC 位)不分频,全局定时器(相关寄存器为 CLKCONCMD 的 TICKSPD 位)不分频,当定时器 1 也不分频(相关寄存器为 T1CTL 的 DIV 位),定时器 1 设置为自由运行模式(相关寄存器为 T1CTL 的 MODE 位),每次溢出时间间隔为:

$$\frac{1}{32\,\text{MHz} \div 1 \div 1 \div 1} \times 65\,536 = \frac{1}{32 \times 10^6} \times 65\,536 = 0.002\,048(\text{s})$$

如果定时器每溢出 488 次,就让灯的亮灭状态取反一次,那么灯每隔 0.999 424 s 亮一次,隔 0.999 424 s 灭一次。

$$0.002\,048 \times 488 = 0.999\,424(\text{s})$$

(2)当定时器 1 为自由运行模式下时,定时器 1 相关寄存器设置如图 5-6 所示。

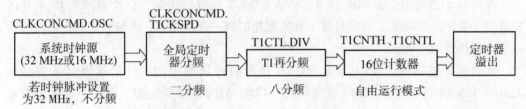

图 5-6　定时器 1 溢出时间分析图 2

当系统时钟脉冲为 32 MHz 不分频,全局定时器二分频,定时器 1 进行八分频,定时器 1 设置为自由运行模式,每次溢出时间间隔为:

$$\frac{1}{32\,\text{MHz} \div 1 \div 2 \div 8} \times 65\,536 = \frac{1}{2 \times 10^6} \times 65\,536 = 0.032\,768(\text{s})$$

如果定时器每溢出 153 次,就让灯的亮灭状态取反一次,那么灯每隔 5.013 504 s 亮一次,隔 5.013 504 s 灭一次。

$$0.032\,768 \times 153 = 5.013\,504(\text{s})$$

通过改变上面(1)(2)步骤中的时钟频率、全局定时分频、T1 分频,就可以改变定时器溢出时间。配合溢出次数,就可以选择确定定时时间,具体相关寄存器的配置可以参考图 5-7。

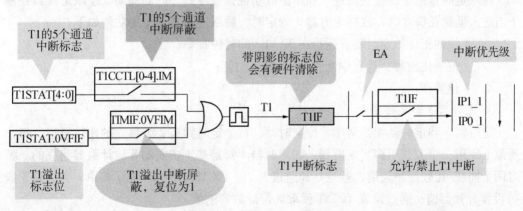

图 5-7　定时器 1 中断控制图

编写代码时，包括中断初始化和中断服务函数两部分，其中中断初始化需要设置时钟、定时器分频、运行方式、EA、T1IE 等等，中断服务函数模板如下：

```
#pragma vector = T1_VECTOR
__interrupt  void 中断函数名 (void)
 {
  中断处理;
  清标志位;
 }
```

3. 定时器 2

定时器 2 主要用于为 804.15.4 CSMA - CA 算法提供定时，以及为 804.15.4 MAC 层提供一般的计时功能。当定时器 2 和睡眠定时器一起使用时，即使系统进入低功耗模式也会提供定时功能。

定时器 2 包括一个 16 位定时器，在每个时钟周期递增。计数器值可从寄存器 T2M1 : T2M0中读，当读 T2M0 寄存器时，T2M1 的内容是锁定的。因此必须总是首先读 T2M0。

当定时器空闲时，可以通过写寄存器 T2M1 : T2M0 修改计数器，定时器 2 通过复用选择寄存器开启定时器比较和溢出捕获。

引起定时器 2 中断的中断源有 6 个，分别是定时器 2 溢出、定时器 2 比较 1、定时器 2 比较 2、溢出计数溢出、溢出计数比较 1、溢出计数比较 2。

中断标志在给定的中断标志 T2IRQF 寄存器中，中断标志位只能通过硬件设置，且只能通过写 SFR 寄存器清除。中断源通过寄存器 T2IRQM 来设置，当设置了相应的中断屏蔽位时，将产生一个中断，否则将不产生中断。

CC2530 运行在低功耗模式时，需要睡眠定时器和定时器 2 共同工作，来完成此模式的定时功能。关于定时器 2 的编程方法详见"系统电源与时钟"章节。

4. 睡眠定时器

睡眠定时器用于设置系统进入和退出低功耗休眠模式之间的周期。睡眠定时器还用于当进入低功耗模式时，维持定时器 2 的定时。睡眠定时器的主要功能如下：

◇ 24 位的正计数定时器，运行在 32 kHz 的时钟频率；

◇ 24 位的比较器，具有中断和 DMA 触发功能；

◇ 24 位捕获。

5. 定时器 3 和定时器 4

定时器 3 和定时器 4 是两个 8 位定时器，每个定时器有 2 个独立的比较通道，每个通道上使用一个 I/O 引脚。定时器 3 和定时器 4 都是基于主要的 8 位计数器建立的。都有两个捕获/比较控制通道，通道 0 和通道 1。由 TxCTL. DIV[2 : 0]（其中 x 指的是 3 或 4）设置分频器值；通过设置 TxCNT 读取 8 位计数器的值。

定时器 3 和定时器 4 的特征如下：

◇ 两个捕获/比较通道；

◇ 设置、清除或切换输出比较；

◇ 时钟分频器，可以被 1，2，4，8，16，32，64，128 整除；

◇ 在每次捕获/比较和最终计数时间发生时产生中断请求；

◇ DMA 触发功能。

定时器 3 和定时器 4 都有 4 种操作模式，下述模式中，寄存器的 x 为 3 或 4：

1）自由运行模式

计数器从 8 个 0 开始，每个活动时钟边沿增加 1。当计数器达到 8 个 1(255)之后溢出，计数器重新载入 0，由硬件自动产生标志位 TIMIF.TxOVFIF。若进行了相应的中断设置(开关)，将产生一个中断请求。自由运行模式可以用于产生独立的时间间隔，并输出信号频率。

2）倒计数模式

在倒计数模式下，定时器启动后，计数器载入 TxCC0 的内容。然后计数器倒计时，直到 0x00 时，标志位 TIMIF.TxOVFIF 溢出。如果进行了相应的中断设置，如 TxCTL.OVFIM 等，就会产生一个中断请求。定时器倒计数模式一般用于需要事件超时间间隔的应用程序。

3）模计数器模式

当定时器运行在模计数器模式下，计数器反复从 0x00 启动，每个活动时钟边沿递增。当计数器达到寄存器 TxCC0 所含的最终计数值时，计数器复位到 0x00，并继续递增。当计数器达到寄存器 TxCC0 时，标志位 TIMIF.TxOVFIF 溢出。如果进行了相应的中断设置，就产生一个中断请求。模计数器模式可以用于周期不是 0xFF 的应用程序。

4）正计数/倒计数模式

在正/倒计数定时器模式下，计数器反复从 0x00 计数，直至达到寄存器 TxCC0 所含的计数值时，计数器倒计数，直到达到 0x00。这个定时器模式用于需要对称输出脉冲，且周期不是 0xFF 的应用程序，因此它允许中心对齐的 PWM 输出应用程序的实现。

定时器 3 和定时器 4 定时方法和步骤基本相同，下面以定时器 3 来举例分析。当定时器 3 为自由运行模式下时，每次定时器 3 的 T3CNT 从 8 个 0 递增再次回到 8 个 0 的具体时间，以及相关寄存器设置如图 5-8 所示。

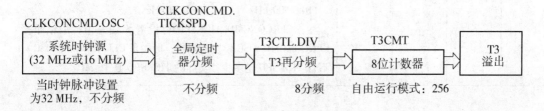

图 5-8　定时器 3 溢出时间分析图

当系统时钟脉冲为 32 MHz 不分频，全局定时器不分频，当定时器 3 进行八分频（相关寄存器为 T3CTL 的 DIV 位），定时器 3 设置为自由运行模式（相关寄存器为 T3CTL 的 MODE 位），每次溢出时间间隔为：

$$\frac{1}{32\text{MHz} \div 1 \div 1 \div 8} \times 256 = \frac{1}{4 \times 10^6} \times 256 = 0.000\,064(\text{s})$$

如果定时器每溢出 500 次，就让灯的亮灭状态取反一次，那么灯每隔 0.032s 亮一次，隔 0.032s 灭一次。

$$0.000\,064 \times 500 = 0.032(\text{s})$$

 相关寄存器

1. CLKCONCMD 时钟控制命令寄存器

CLKCONCMD 时钟控制命令寄存器的第 3 到第 5 位是控制所有的定时器是否分频设置，这里设置的定时器的频率必须低于系统时钟的频率，若设置的定时器频率高于系统时钟的频率则无效。具体的时钟设置方法见项目六。

表 5 - 2　CLKCONCMD 时钟控制命令寄存器

位	名　称	复　位	R/W	描　　述
7	OSC32K	1	R/W	32 kHz 时钟振荡器选择。设置该位只能发起一个时钟源改变。要改变该位，必须选择 16 MHz RCOSC 作为系统时钟 0：32 kHz XOSC 1：32 kHz　RCOSC
6	OSC	1	R/W	系统时钟源选择。设置该位只能发起一个时钟源改变 0：32 MHz XOSC 1：16 MHz RCOSC
5 : 3	TICKSPD	001	R/W	定时器标记输出设置。不能高于通过 OSC 位设置的系统时钟设置 000：32 MHz　　　001：16 MHz 010：8 MHz　　　　011：4 MHz 100：2 MHz　　　　101：1 MHz 110：500 kHz　　　111：250 kHz 注：CLKCONCMD. TICKSPD 可设置为任意值，但结果受 CLKCONCMD. OSC 设置的限制，即如果 CLKCONCMD. OSC = 1，不管 TICKSPD 是多少，实际的 TICKSPD 是 16 MHz

位	名 称	复 位	R/W	描 述
2：0	CLKSPD	001	R/W	时钟速度。不能高于通过 OSC 位设置的系统时钟设置。标识当前系统时钟频率 000：32 MHz 001：16 MHz 010：8 MHz 011：4 MHz 100：2 MHz 101：1 MHz 110：500 kHz 111：250 kHz 注：CLKCONCMD. CLKSPD 可以设置为任意值，但是结果受 CLKCONCMD. OSC 设置的限制，即如果 CLKCONCMD. OSC = 1 且 CLKCONCMD. CLKSPD = 000，CLKCONCMD. CLKSPD 读出 001 且实际 CLKSPD 是 16 MHz

2. 定时器 1 的控制和状态寄存器

表 5-3 所示为定时器 1 的控制和状态寄存器 T1CTL，T1CTL 的第 0～1 位是选择定时器 1 的模式，可以有下列方式选择：暂停运行、自由运行、模计数、正计数/倒计数。T1CTL 的第 2～3 位是对定时器 1 进行分频，此分频是在设置了系统时钟的频率，设置了定时器的频率基础之下的分频，而这里的定时器指的是 CC2530 的所有定时器，包括定时器 1、定时器 2、定时器 3、定时器 4、睡眠定时器。

表 5-3 T1CTL(0xE4)定时器 1 控制和状态寄存器

位	名 称	复 位	R/W	描 述
7：4	—	00000	R0	保留
3：2	DIV[1：0]	00	R/W	分频器划分值。产生主动的时钟边缘用来更新计数器，如下： 00：标记频率/1 01：标记频率/8 10：标记频率/32 11：标记频率/128
1：0	MODE[1：0]	00	R/W	选择定时器 1 模式。定时器操作模式通过下列方式选择： 00：暂停运行 01：自由运行 10：模 11：正计数/倒计数

```
//用 T1 来做实验 128 分频；自由运行模式
T1CTL | = ((0x3 <<2) | (0x1 <<0));//T1CTL | = ((1 <<1) | (1 <<2) | (1 <<3));
```

表 5-4 中 T1STAT 定时器 1 状态寄存器中的 CH0IF - CH4IF 为 R/W0，代表可读可写，W0 表示只能写 0，当写 1 时无影响也无效。

服务外包产教融合系列教材

CC2530单片机项目式教程

表 5 - 4 T1STAT(0xAF) 定时器 1 状态寄存器

位	名 称	复 位	R/W	描　　述
7:6	—	00	R0	保留
5	OVFIF	0	R/W0	定时器 1 计数器溢出中断标志。当计数器在自由运行或模计数器模式下达到最终计数值时设置，当在正/倒计数模式下达到零时倒计数。写 1 没影响
4	CH4IF	0	R/W0	定时器 1 通道 4 中断标志。当通道 4 中断条件发生时设置。写 1 没有影响
3	CH3IF	0	R/W0	定时器 1 通道 3 中断标志。当通道 3 中断条件发生时设置。写 1 没有影响
2	CH2IF	0	R/W0	定时器 1 通道 2 中断标志。当通道 2 中断条件发生时设置。写 1 没有影响
1	CH1IF	0	R/W0	定时器 1 通道 1 中断标志。当通道 1 中断条件发生时设置。写 1 没有影响
0	CH0IF	0	R/W0	定时器 1 通道 0 中断标志。当通道 0 中断条件发生时设置。写 1 没有影响

3. 中断标志寄存器

无中断未决：没有中断信号传给 CPU，没有产生中断；中断未决：已经产生了中断触发条件，该标志位会自动由硬件置 1，这个信号会传递给 CPU，CPU 已经将该中断挂起，等待处理解决，但还没有来解决，一旦 CPU 来处理解决此中断，必须将该标志位清零，称为中断未决。

表 5 - 5 所示的 IRCON 中断标志寄存器中的 T1IF - T4IF 为 R/W，代表可读可写，H0 表示当该中断被 CPU 响应处理之后会硬件将该标志位清零，无需在写代码时进行软件清零。

表 5 - 5 IRCON 中断标志寄存器

位	名 称	复 位	R/W	描　　述
7	STIF	0	R/W	睡眠定时器中断标志 0：无中断未决　　　　1：中断未决
6	—	0	R/W	必须写为 0，写入 1 总是使能中断源
5	P0IF	0	R/W	端口 0 中断标志 0：无中断未决　　　　1：中断未决
4	T4IF	0	R/WH0	定时器 4 中断标志。当定时器 4 中断发生时设为 1 并且 CPU 指向中断向量服务例程时清除 0：无中断未决　　　　1：中断未决

位	名　称	复　位	R/W	描　述
3	T3IF	0	R/WH0	定时器 3 中断标志。当定时器 3 中断发生时设为 1 并且 CPU 指向中断向量服务例程时清除 0：无中断未决　　　　1：中断未决
2	T2IF	0	R/WH0	定时器 2 中断标志。当定时器 2 中断发生时设为 1 并且 CPU 指向中断向量服务例程时清除 0：无中断未决　　　　1：中断未决
1	T1IF	0	R/WH0	定时器 1 中断标志。当定时器 1 中断发生时设为 1 并且 CPU 指向中断向量服务例程时清除 0：无中断未决　　　　1：中断未决
0	DMAIF	0	R/W	DMA 完成中断标志 0：无中断未决　　　　1：中断未决

4. T1CC0L 和 T1CC0H 寄存器

模计数模式和正计数/倒计数模式：T1CC0L 和 T1CC0H 寄存器设置，如表 5-6、表 5-7 所示。

表 5-6　T1CC0L(0xDA)定时器 1 通道 0 捕获/比较值低位寄存器

位	名　称	复　位	R/W	描　述
7：0	T1CC0[7：0]	0x00	R/W	定时器 1 通道 0 捕获/比较值，低位字节。写到该寄存器的数据被存储在一个缓存中，但是不写入 T1CC0[7：0]，之后与 T1CC0H 一起写入生效

表 5-7　T1CC0H(0xDB)定时器 1 通道 0 捕获/比较值高位寄存器

位	名　称	复　位	R/W	描　述
7：0	T1CC0[15：8]	0x00	R/W	定时器 1 通道 0 捕获/比较值，高位字节。当 T1CCTL0. MODE =1(比较模式)时写 0 到该寄存器，导致 T1CC0[15：8]更新写入值延迟到 T1CNT =0x0000

5. T1CNTL 和 T1CNTH 寄存器

定时器 1 的 16 位计数器由低位 T1CNTL 和高位 T1CNTH 寄存器组成，如表 5-8、表 5-9 所示。

表 5-8　T1CNTL(0xE2)定时器 1 计数器低位寄存器

位	名　称	复　位	R/W	描　述
7：0	T1CC0[7：0]	0x00	R/W	定时器 1 通道 0 捕获/比较值，低位字节。写到该寄存器的数据被存储在一个缓存中，但是不写入 T1CC0[7：0]，之后与 T1CC0H 一起写入生效

表5-9　T1CNTH(0xE3)定时器1计数器高位寄存器

位	名　称	复　位	R/W	描　　　述
7：0	T1CC0[15：8]	0x00	R/W	定时器1通道0捕获/比较值，高位字节。当T1CCTL0. MODE=1(比较模式)时写0到该寄存器，导致T1CC0[15：8]更新写入值延迟到T1CNT=0x0000

6. T1CCTL0寄存器

表5-10所示是定时器1通道0捕获/比较控制寄存器的描述，类似的寄存器还有T1CCTL1—T1CCTL4，分别表示定时器1通道1至定时器1通道4的捕获/比较控制寄存器。

表5-10　T1CCTL0(0xE5)定时器1通道0捕获/比较控制寄存器

位	名　称	复　位	R/W	描　　　述
7	RFIRQ	0	R/W	当设置时，使用RF中断捕获，而不是常规捕获输入
6	IM	1	R/W	通道0中断屏蔽。设置使能中断请求
5：3	CMP[2：0]	000	R/W	通道0比较模式选择。当定时器的值等于在T1CC0中的比较值，选择操作输出 000：在比较设置输出 001：在比较清除输出 010：在比较切换输出 011：在向上比较设置输出，在0清除 100：在向上比较清除输出，在0设置 101：没有使用 110：没有使用 111：初始化输出引脚。CMP[2：0]不变
2		0	R/W	模式。选择定时器1通道0捕获或者比较模式 0：捕获模式 1：比较模式
1：0		00	R/W	通道0捕获模式选择 00：未捕获 01：上升沿捕获 10：下降沿捕获 11：所有沿捕获

表5-11　T3CNT(0xCA)定时器3计数器

位	名　称	复　位	R/W	描　　　述
7：0	CNT[7：0]	0x00	R	定时器计数字节。包含8位计数器当前值

表 5 – 12　T3CTL(0xCB)定时器 3 控制

位	名 称	复 位	R/W	描 述
7 : 5	DIV[2 : 0]	000	R/W	分频器划分值。产生有效时钟沿用于来自 CLKCON. TICKSPD 的定时器时钟。如下： 000：标记 频率/1　　001：标记 频率/2 010：标记 频率/4　　011：标记 频率/8 100：标记 频率/16　　101：标记 频率/32 110：标记 频率/64　　111：标记 频率/128
4	START	0	R/W	启动定时器。正常运行时设置，暂停时清除
3	OVFIM	1	R/W0	溢出中断屏蔽 0：中断禁止 1：中断使能
2	CLR	0	R0/W1	清除计数器。写 1 到 CLR 复位计数器到 0x00，并初始化相关通道所有的输出引脚 总是读作 0
1 : 0	MODE[1 : 0]	00	R/W	定时器 3 模式。选择以下模式： 00：自由运行，从 0x00 到 0xFF 反复计数 01：倒计数，从 T3CC0 到 0x00 计数 10：模，从 0x00 到 T3CC0 重复计数 11：正/倒计数，从 0x00 到 T3CC0 重复计数，降到 0x00

任务 12　定时器 1

5.1.1　任务环境

(1)硬件：CC2530 开发板 1 块(LED 模块)，CC2530 仿真器，PC 机；

(2)软件：IAR-EW8051-8101 或 IAR-EW8051-760A。

5.1.2　框图设计

CC2530 开发板上发光二极管的电路原理图采用图 5 – 9 的原理图，当输出 0 时 LED 灯会熄灭，反之点亮。从图 5 – 9 定时器 1 中断原理图中得知能引起定时器 1 中断的中断源为定时器 1 的普通定时功能和 5 个通道的捕获或比较功能。

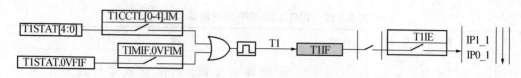

图 5-9　定时器 1 中断原理图

5.1.3　任务实施

（1）定时器 1 实例分析——控制 LED 闪烁，系统时钟采用默认的内部 16 MHz 并且不分频，定时器 1 设置为自由运行模式，每次溢出时间间隔为：

$$\frac{1}{16\text{MHz}} \times 65\,536 = 0.004\,096(\text{s})$$

如果 LED 的亮灭状态每隔 1s 取反一次，那么每秒间隔所需的循环次数为 244 次。

$$1 \div 0.004\,096 = 244.14(\text{次}/\text{s})$$

```
//头文件、宏定义
#include <ioCC2530.h>
#define uint unsigned int
#define uchar unsigned char
#define LED1 P1_0
uint   counter = 0;//统计溢出次数

//定时器 1 初始化
void Initial(void)
{
    EA = 1;//开中断总开关
    T1IE = 1;//定时器 T1 允许中断
    T1CTL = 0x01;//0001;T1 不分频;自由运行模式
}

//LED 初始化
void Initled(void)
{
    P1SEL& = ～(1 << 0);
    P1DIR | = (1 << 0);
    LED1 = 0;
}

//主函数
void main()
{
```

```
        Initial();
        Initled();
        while(1);
}


//中断服务程序
#pragma vector = T1_VECTOR
__interrupt void T1_ISR(void)
{
        IRCON& = ~(1 << 1);//清中断标志
        if(counter < 300)
                counter + +;
            else
              {
                counter = 0;
                LED1  = !LED1 ;
              }
}
```

2. 利用 CC2530 的定时器 1 产生定时周期，时钟不分频，定时器二分频，T1 为八分频，每隔 1s LED 灯状态改变一次，不能用 delay 函数；

写出 T1 每次溢出的时间计算式子：

_____

LED 灯状态改变一次，T1 需要溢出次数为：_____

代码：

任务 13 定时器 3

5.2.1 任务环境

（1）硬件：CC2530 开发板 1 块（LED 模块），CC2530 仿真器，PC 机；
（2）软件：IAR-EW8051-8101 或 IAR-EW8051-760A。

5.2.2 框图设计

从图 5－10 所示的定时器 3 中断原理图中得知，能引起定时器 3 中断的中断源为定时器 3 的普通定时功能和 2 个通道的捕获或比较功能。

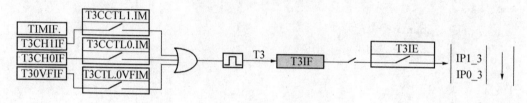

图 5－10 定时器 3 中断原理图

定时器 3 和定时器 4 的原理功能和使用方法基本一致，本书对定时器 4 不再举例。

5.2.3 任务实施

（1）利用 CC2530 的定时器 3 产生定时周期，32 MHz 时钟不分频，定时器不分频，T3 为八分频，每隔 1 s LED2 灯状态改变一次。

```
//头文件、宏定义
#include <ioCC2530.h>
#define uint unsigned int
#define uchar unsigned char
#define LED2 P1_1
uint  counter2 =0;//统计溢出次数

//定时器初始化
void Initial(void)
{
            T3IE =1;
    //T3CTL& = ~ (1 << 7);//765 为 011,八分频;自由运行模式;
    // T3CTL | = ((1 << 5) | (1 << 6));
```

```
        // T3CTL | = (1 << 4) ;// 启动 T3
        T3CTL = 0x78;//0111 1000,也可以用上面 3 句代码实现
}

//时钟初始化
void InitClock(void)
{
        CLKCONCMD & = ~ (1 << 6); //设置时钟为外部 32MHz
        while(!(SLEEPSTA & (1 << 6))); //等待时钟稳定
        CLKCONCMD & = ~ ((1 << 0) | (1 << 1) | (1 << 2));//时钟不分频
    CLKCONCMD & = ~ ((1 << 3) | (1 << 4) | (1 << 5));//定时器不分频
}

//LED 初始化
void Initled(void)
{
        P1SEL& = ~ (1 << 1);
        P1DIR | = (1 << 1);
        LED2 = 0;
}

//主函数
void main()
{
        Initial();
        InitClock();
        Initled();
        EA = 1;
        while(1);
}

//中断服务函数
#pragma vector = T3_VECTOR
__interrupt void T3_ISR(void)
{//定时时间为 1s,频率 32MHz/1/1/8 = 4MHz
  //f = 4MHz,T = 1/4MHz = 0.25μs
  //256* 0.25μs = 64μs
  //1s/64μs = 15625
    //IRCON& = ~ (1 << 3);//清中断标志
    if(counter2 < 15625)
        counter2 + +;
    else
    {
        counter2 = 0;
        LED2 = !LED2 ;
    }
}
```

2. 利用 CC2530 的定时器 1 产生定时周期，32 MHz 时钟不分频，定时器二分频，T1 为不分频，每隔 2 s LED1 灯状态改变一次；利用 CC2530 的定时器 3 产生定时周期，T3 为八分频，每隔 1 s LED2 灯状态改变一次。

写出 T1 每次溢出的时间计算式子：

_____

LED1 灯状态改变一次，T1 需要溢出次数为：_____

_____

写出 T3 每次溢出的时间计算式子：_____

LED2 灯状态改变一次，T3 需要溢出次数为：

代码：

```
#include <ioCC2530.h>
#define uint unsigned int
#define uchar unsigned char
#define LED1 P1_0
#define LED2 P1_1
uint   counter1 =0;//统计溢出次数
uint   counter2 =0;//统计溢出次数

void Initial(void)
{
        T1IE =1;
        T1CTL = 0x01;//0001;T1 为不分频;自由运行模式;

    T3IE =1;
        T3CTL& = ~ (1 << 7);//765 为 011,八分频;自由运行模式;
    T3CTL | = ((1 << 5) | (1 << 6));
    T3CTL | = (1 << 4);// 启动 T3
}

void InitClock(void)
{
        CLKCONCMD & = ~ (1 << 6);
        while(!(CLKCONSTA & (1 << 6)));
        CLKCONCMD & = ~0x07;
}

void Initled(void)
{
```

```
        P1SEL& = ～ ((1 << 0) | (1 << 1));
        P1DIR | = ((1 << 0) | (1 << 1));
        LED1 = 0;
        LED2 = 0;
}

void main()
{
  Initial();
  InitClock();
  Initled();
  EA = 1;
  while(1);
}

#pragma vector = T1_VECTOR
__interrupt void T1_ISR(void)
{//2s,频率 32MHz/1/2/1 = 16MHz
  //f = 16MHz,T = 1/16MHz = 1/16μs
  //65536* 1/16μs = 4096μs = 0.004096s
  //2S/0.004096s = 488.3
  if(counter1 < 488)
      counter1 + + ;
  else
      {
        counter1 = 0;
        LED1 = ! LED1 ;
      }
}

#pragma vector = T3_VECTOR
__interrupt void T3_ISR(void)
{//1s,频率 32MHz/1/2/8 = 2MHz
  //f = 2MHz,T = 1/2MHz = 0.5μs
  //256* 0.5μs = 128μs
  //1s/128μs = 7812
  if(counter2 < 7812)
      counter2 + + ;
  else
    {
        counter2 = 0;
        LED2 = ! LED2 ;
    }
}
```

(3)利用 CC2530 的定时器 3 产生定时周期，实现控制 LED 灯闪烁，其中 LED 灯熄灭保持的时间为 0.64 s，LED 灯点亮保持时间为 1.28 s，每个周期时间为 1.92 s，这里我们采用模计数的方式来控制，先设置好时钟的频率，再计算出计数的最大值：

代码：

任务14　呼吸灯

5.3.1　任务环境

(1)硬件：CC2530开发板1块(LED模块)，CC2530仿真器，PC机；

(2)软件：IAR-EW8051-8101或IAR-EW8051-760A。

5.3.2　任务实施

1. PWM数字调光的原理

占空比：是指脉冲信号的通电时间与通电周期之比。当图5-11中的每个周期小于50 ms时，在P1_1上的信号如果按图5-11所示的几种情况，LED2灯亮度有什么不同？

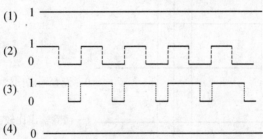

图5-11　几种占空比不相同的脉冲信号波形图

图中的4种情况，由暗到亮的顺序为(4)(2)(3)(1)。由于(2)(3)的周期很短，看不到灯在闪烁，只会看到亮度不一样。占空比越大，则LED2灯越亮，只需要改变占空比就可以调节LED2灯亮度。一般把这种占空比可以改变的数字信号称为PWM(pulse width modulation)波。

通过合适的配置，CC2530的定时器1除了产生定时中断外，还可以输出PWM波。定时器1共有5路PWM输出通道，具体如表5-13所示。

表5-13　CC2530定时器外设IO引脚映射

外设/功能	P0								P1								P2				
	7	6	5	4	3	2	1	0	7	6	5	4	3	2	1	0	4	3	2	1	0
TIMER1 Alt2		4	3	2	1	0															
	3	4												0	1	2					
TIMER3 Alt2												1	0								
									1	0											
TIMER4 Alt2														1	0						
																		1		0	

由表5－13可知，定时器1的PWM波的输出通道有两个位置：

位置1：通道0、1、2、3、4的输出管脚为P0_2，P0_3，P0_4，P0_5，P0_6；

位置2：通道0、1、2、3、4的输出管脚为P1_2，P1_1，P1_0，P0_7，P0_6。

发光二极管D2所连接的IO口：P1_1，如果我们希望通过P1_1对D2进行数字调光，就必须让定时器1某个通道的PWM输出位于P1_1，做到这一点，须进行以下设置：

（1）定时器1的PWM输出位与LED灯是同一个引脚是P1_1，选择位置2：

    PERCFG｜＝1≪6；

（2）IO口冲突时定时器1优先：P2SEL｜＝1≪3；

（3）P1_1为外部设备模式：P1SEL｜＝1≪1。

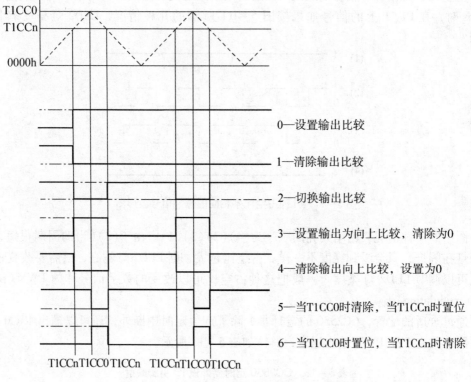

图5－12　定时器T1正/倒计数输出比较模式

图5－12所示为定时器1运行在正/倒计数模式下的PWM。在此种模式下T1CC0（T1CC0H：T1CC0L）用作定时计数值，所以通道0不能用作PWM输出。在本例中采用的是定时器1的通道1，所以T1CCn为T1CC1。T1CCTL1的第3、4、5位为101，设置为当等于T1CC0时清零，当等于T1CC1时置1，也就是图5－12中的5号波形。

$$PWM\ 的周期 = (T1CC0 + 1) \times 2 \times 1/计数脉冲的频率$$

$$PWM\ 的占空比 = (T1CC0 - T1CCn)/[(T1CC0 + 1) \times 2]$$

　　若占空比设为 10 个等级，分别是 0%、10%、20%、30%、40%、50%、60%、70%、80%、90%，这 10 个等级可以对应代码中变量 duty 的数字 0、1、2、3、4、5、6、7、8、9。

$$占空比 = duty \times 10\% = = duty \times 1/10$$

$$PWM\ 的占空比 = (T1CC0 - T1CC1)/[(T1CC0 + 1) \times 2]$$

$$duty \times 1/10 = (T1CC0 - T1CC1)/[(T1CC0 + 1) \times 2]$$

$$T1CC0 - T1CC1 = (T1CC0 + 1) \times 2 \times duty \times 1/10$$

$$T1CC1 = T1CC0 - (T1CC0 + 1) \times 2 \times duty \times 1/10$$

$$T1CC1 = T1CC0 - (T1CC0 + 1) \times duty/5$$

　　利用 PWM 波控制对发光二极管调光，通过串口通信，从键盘中输入 LED 亮度级别，令 LED 灯发出相应的亮度，参考代码如下：

```
//串口子程序头文件
//uart. h
#ifndef __UART_H__
#define __UART_H__
extern void uart0_init(void);
extern void uart0_send_byte(char tmp);
extern void uart0_send_str(char * pStr);
#endif


//定时器子程序头文件
//timer1. h
#ifndef __TIMER1__H__
#define __TIMER1__H__
#include <ioCC2530. h>
extern void timer1_init(void);
extern void change_duty(unsigned char duty);
#endif


  //串口子程序
//uart. c
#include <ioCC2530. h>
#include "timer1. h"
void uart0_init(void)
{//串口 0 选择 uart 模式,管脚为 P0,数据格式为 8 位数据位,1 位停止位,无校验位
  //波特率为 115 200,LSB 发送模式,1 为停止,0 为起始
  PERCFG& = ~0X1;
  P2DIR& = ~(0X3 <<6);
  P0SEL | = (0X3 <<2);
  U0CSR = (1 <<7) | (1 <<6);
```

```
  U0GCR = 11;
  U0BAUD = 216;
  UTX0IF = 1;

  URX0IF = 0;
  URX0IE = 1;
}
//串口发送一个字节
void uart0_send_byte(char tmp)
{
    while(UTX0IF = =0);
    UTX0IF = 0;
    U0DBUF = tmp;
}
//串口发送一个字符串
void uart0_send_str(char * pStr)
{
  while(* pStr! =0)
  {
    uart0_send_byte(* pStr + +);
  }
}
//串口接收中断服务函数,当串口接收缓冲区每次接收到一个字节都会进入此函数
#pragma vector = 0x13
__interrupt void uart0_receive_isr(void)
{
  unsigned char duty;
  duty = U0DBUF;
  if(duty > = '0'&&duty < = '9')
  {
    uart0_send_byte(duty); //将接收到的这个字节再从这个串口发送回去
    change_duty(duty - '0');//调用函数使 LED 的亮度等级为 duty
  }
}

  //定时器子程序
//timer1. c
#include  < ioCC2530. h >
#include "uart. h"
#define LED P1_1 //该管脚为 TIMER1 的 1 通道
void timer1_init(void)
```

```
{
    //timer1 的计数频率为 1000000Hz
    //在正/倒计数模式下,初始化计数值以产生 1/72 s 的定时周期
    //T = (T1CC0 +1)* 2* (1/计数频率)

    T1CC0L = 6943&0XFF;//将 6943 的低 8 位赋值给 T1CC0L
    T1CC0H = 6943 > >8;//将 6943 的高 8 位赋值给 T1CC0H

    PERCFG | =1 << 6;//定时器 1 选择在位置 1
    P2SEL | =1 << 3;
    P1SEL | =1 << 1;//P1_1 设置为外设模式

    T1CCTL1& = ~ (1 << 4);//T1CCTL1 的第 3、4、5 位为 101
    T1CCTL1 | = ((1 << 2) | (1 << 3) | (1 << 5));//当等于 T1CC0 时清除,当等于 T1CC1 时
设置

    T1CTL | =0X03;//T1 工作在正计数/倒计数模式下
}
void change_duty(unsigned char duty)
{
    unsigned int t1cc1;
    unsigned int maxvalue;
    int low,high;
    low = T1CC0L;
    high = T1CC0H;
    maxvalue = low | (high << 8);
    t1cc1 = maxvalue - (int)((float)duty* (maxvalue +1)/5.0);
    T1CC1L = t1cc1&0xff;
    T1CC1H = t1cc1 > >8;
}


//main.c
#include < ioCC2530.h >
#include "uart.h"
#include "timer1.h"
void set_clock_speed()//设置系统时钟为 32 MHz,分频之后为 1 MHz,定时器 1 不分频
{
    CLKCONCMD& = ~ (1 << 6);
    while(SLEEPSTA& (1 << 6));
    CLKCONCMD& = ~ 0X7;
    CLKCONCMD& = ~ (1 << 4);
```

```
    CLKCONCMD | = (0X5 << 3);
    T1CTL& = ~ (0X3 << 2);
}
void delay(unsigned int count)
{
  unsigned int i,j;
  for(i = 0; i < count; i + +)
  {
    for(j = 0; j < 10000; j + +);
  }
}
void main()
{
  set_clock_speed();
  uart0_init();
  timer1_init();
  EA = 1;
  uart0_send_str("Please input 0,1,2,3");
  uart0_send_str("..... 7,8,9 and CC2530 PWM test begin:\ r\ n");
  while(1);
}
```

1. 若将占空比的级别分成5个等级，代码应该如何修改呢？若将占空比的级别分成20个级别，代码又如何修改呢？

2. 修改代码令LED灯自动从最低亮度依次升高亮度级别，升到最亮状态后，再依次降低亮度级别，变化间隔为1 s(利用定时器定时)，0级—1级—2级……8级—9级—8级……2级—1级—0级。

👉 课后阅读

(1)定时器有查询和中断两种工作方式，使用中断方式初始化比查询方式的初始化多了设置中断使能等步骤。

(2)定时器在自由运行模式下可以不设置初值，在模计数模式、正计数/倒计数模式下需要设置初值。使用模计数模式进行中断控制时必须开启定时器1的通道0并设置定时器为比较的工作模式。

👉 项目总结

(1)CC2530定时器：定时器1、定时器2、定时器3、定时器4、睡眠定时器。

(2)定时器1的三种工作模式：自由运行、模计数模式、正计数/倒计数模式。

◇ CC2530 定时器 1 的原理；

◇ CC2530 定时器 1 的编程方法；

◇ CC2530 定时器 3 的编程方法；

◇ CC2530 PWM 调节原理。

习题

1. 在 LED 调光实验中，通过改变 PWM 信号的(　　)改变 LED 发光二极管的亮度。

A. 周期 　　　　　B. 频率 　　　　　C. 幅值 　　　　　D. 占空比

2. CC2530 有 4 个定时器中，(　　)要和睡眠定时器配合使用，进入低功耗模式。

A. 定时器 0 　　　B. 定时器 1 　　　C. 定时器 2 　　　D. 定时器 3

3. CC2530 看门狗定时器的时钟源频率为多少？

4. CC2530 的定时器 1 除了产生定时中断外，还可以再输出几路 PWM 波？分别在哪个 IO 口？

5. 试简单阐述在定时器 1 的自由运行模式下，定时时间和溢出次数的计算方法。

项目六　电源与时钟

☞ **项目概述**

本项目主要内容是 CC2530 电源与时钟的控制与编程，包含 3 个任务。

任务 1 通过 CC2530 的系统时钟的设置改变时钟频率，从而改变 LED 灯闪烁的频率；

任务 2 通过设置 CC2530 的电源配置，进入不同的睡眠模式下工作，在此睡眠模式下，可通过复位按键回到主动模式下工作；

任务 3 在 CC2530 进入到睡眠模式下，通过配置睡眠定时器，进入睡眠定时器中断服务函数以回到主动模式下工作。

☞ **项目目标**

知识目标

(1)理解 CC2530 电源的几种工作模式；

(2)熟悉 CC2530 时钟的工作方式；

(3)CC2530 电源与时钟的控制与编程。

技能目标

(1)会对 CC2530 电源进行管理；

(2)能够使 CC2530 工作在不同的时钟频率下。

情感目标

(1)培养积极主动的创新精神；

(2)锻炼发散思维能力；

(3)养成严谨细致的工作态度；

(4)培养观察能力、实验能力、思维能力、自学能力。

☞ **原理学习**

1. 系统时钟

1)振荡器

CC2530 共有 4 个振荡器，2 个高频振荡器和 2 个低频振荡器，它们为系统时钟提供时钟源。这 4 个振荡器分别是 32 MHz 外部晶振、32 kHz 外部晶振、16 MHz 内部 RC 振荡器、32 kHz 内部 RC 振荡器。2 个高频振荡器不能同时使用，2 个低频振荡器也不能同时使用。

RC 振荡器：功耗较低，成本较低，但由于电阻电容的精度导致振荡频率会有误差，同时会受到温度、湿度的影响。

晶体振荡器：振荡频率一般都比较稳定，但价格要稍高点，使用时一般还需要接 2 个 15 ～ 33 pF 起振电容，电路较复杂。

CC2530 的系统时钟如图 6 - 1 所示，系统时钟除了提供给 CPU 外，还供给大量的 IO 接口。

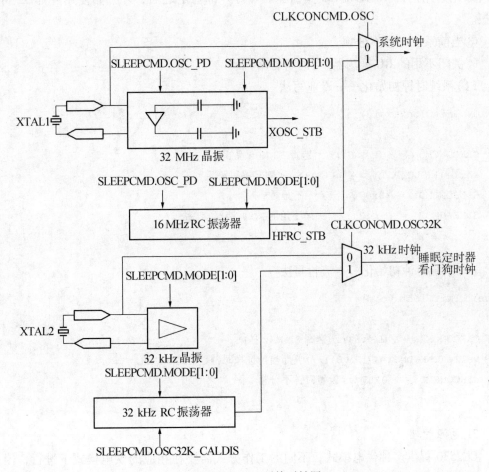

图 6 - 1　CC2530 系统时钟图

32 MHz 外部晶振（简称 32 MHz 晶振）：为内部时钟提供时钟源之外，主要用于 RF 收发器。

16 MHz 内部 RC 振荡器（简称 16 MHz RC 振荡器）：为内部时钟提供时钟源，但 16 MHz RC 振荡器不能用于 RF 收发器操作。

32 kHz 外部晶振（简称 32 kHz 晶振）：运行在 32.768 kHz 上，为系统需要的时间精度提供一个稳定的时钟信号。

32 kHz 内部 RC 振荡器(简称 32 kHz RC 振荡器):运行在 32. 753 kHz 上,默认复位后 32 kHz RCOSC 使能,功耗少,驱动睡眠定时器,为看门狗定时器产生标记。

2)系统时钟初始化

在使用串口、DMA、RF 等功能时需要对系统时钟进行初始化,以系统时钟选择 32 MHz 晶振为例来设置系统时钟。控制要求:

①选择外部 32 MHz 晶振作为主时钟源。

②等待 32 MHz 晶振稳定:上电后,由于外部 32 MHz 晶振不稳定,因此 CC2530 芯片内部先启用内部 16 MHz RC 振荡器。等待外部稳定之后,才开始使用外部 32 MHz 晶振。

③当前系统时钟不分频。

④关闭不用的 RC 振荡器(有时可省略)。

(1)系统时钟初始化——专业写法

```
void InitClock(void)
{
  CLKCONCMD & = ~ (1 << 6); /* 选择 32 MHz 晶振* /
  while(!(SLEEPSTA & (1 << 6))); /* 等待晶振稳定* /
  CLKCONCMD & = ~0x07;      /*  不分频* /
  SLEEPCMD | = (1 << 2);/* 关闭不用的 RC 振荡器,可省* /
}
```

(2)系统时钟初始化——流行写法

```
void InitClock(void)
{
  CLKCONCMD& =～(1 << 6);//选择 32 MHz 晶振
  while(CLKCONSTA&(1 << 6));//判断当前选择时钟是否是 32 MHz
  CLKCONCMD& =～0X07;//设置时钟不分频
}
```

2. 电源管理

CC2530 提供多种供电模式,不同的工作方式需要在相应的供电模式下进行,因此 CC2530 在工作时首先要选择供电模式。CC2530 的供电模式有 5 种,分别为主动模式、空闲模式、PM1、PM2 和 PM3,其中 PM1、PM2 和 PM3 都称为睡眠模式(表 6 −1)。

表 6 - 1　CC2530 的供电模式

供电模式	高频振荡器	低频振荡器	稳压器
主动模式	32 MHz 晶振或 16 MHz RC 振荡器	32 kHz 晶振或 32 kHz RC 振荡器	ON
空闲模式	32 MHz 晶振或 16 MHz RC 振荡器	32 kHz 晶振或 32 kHz RC 振荡器	ON
PM1	无	32 kHz 晶振或 32 kHz RC 振荡器	ON
PM2	无	32 kHz 晶振或 32 kHz RC 振荡器	OFF
PM3	无	无	OFF

主动模式：完全功能的模式。CPU、外设和 RF 收发器都是活动的，数字稳压器开启。

空闲模式：除了 CPU 内核停止运行，其他的运行方式和主动模式的运行方式相同。从主动模式进入空闲模式方法：通过操作寄存器使 CPU 内核停止运行；唤醒空闲模式回到主动模式方法：通过复位、外部中断或睡眠定时器到期。

PM1：此模式下运行一个掉电序列进入睡眠模式，上电和掉电序列较快，适合用于等待唤醒事件的时间小于 3 ms 的情况。

PM2：IO 引脚保留在进入 PM2 模式前设置的模式和输出值，其他内部电路都是掉电的，具有较低功耗，当睡眠时间超过 3 ms 时可使用此模式。

PM3：复位和 IO 端口中断是该模式下仅运行的功能，是最低功耗模式。当睡眠时间超过 3 ms 时可使用此模式。

从主动模式进入 PM1、PM2、PM3 睡眠模式方法：通过操作寄存器使 CPU 内核停止运行。

从 PM1、PM2 睡眠模式回到主动模式方法：通过复位、外部中断或睡眠定时器到期。

从 PM3 睡眠模式回到主动模式方法：通过复位、外部中断到期。

3. 复位

CC2530 的复位源有 5 个，这 5 个复位源分别是：

①强制 RESET_N 输入引脚为低电平复位，这一复位经常用于复位按键。

②上电复位，在设备上电期间提供正确的初始化值。

③布朗输出复位，只能运行在 1.8 V 数字电压，此复位是通过布朗输出探测器来进行的。布朗输出探测器在电压变化期间检测到的电压低于布朗输出探测器所规定的最低电压电压时，导致复位。

④看门狗定时复位，当使能看门狗定时器，且定时器溢出时产生复位。

⑤时钟丢失复位，此复位条件是通过时钟丢失探测器来进行的。时钟丢失探测器用于检测时钟源，当时钟源损坏时，系统自动使能时钟丢失探测器，导致复位。

CC2530 在复位之后初始状态如下：

◇ I/O 引脚配置为带上拉的输入；

◇ CPU 程序计数器在 0x0000，程序从这个地址开始；

◇ 所有外设寄存器初始化为各自复位值；

◇ 看门狗定时器禁用；

◇ 时钟丢失探测器禁用。

相关寄存器

1. CLKCONCMD 时钟控制命令寄存器(表 6-2)

表 6-2　CLKCONCMD (0xC6) 时钟控制命令

位	名　称	复　位	R/W	描　述
7	OSC32K	1	R/W	32 kHz 时钟振荡器选择。设置该位只能发起一个时钟源改变。要改变该位，必须选择 16 MHz RCOSC 作为系统时钟 0：32 kHz XOSC　　　　　1：32 kHz RCOSC
6	OSC	1	R/W	系统时钟源选择。设置该位只能发起一个时钟源改变 0：32 MHz XOSC　　　　　1：16 MHz RCOSC
5：3	TICKSPD	001	R/W	定时器标记输出设置。不能高于通过 OSC 位设置的系统时钟设置 000：32 MHz　　001：16 MHz　　010：8 MHz 011：4 MHz　　100：2 MHz　　101：1 MHz 110：500 kHz　　111：250 kHz 注：CLKCONCMD. TICKSPD 可以设置为任意值，但是结果受 CLKCONCMD. OSC 的设置限制，即如果 CLKCONCMD. OSC = 1 不管 TICKSPD 是多少，实际的 TICKSPD 是 16 MHz
2：0	CLKSPD	001	R/W	时钟速度。不能高于通过 OSC 位设置的系统时钟设置。标识当前系统时钟频率 000：32 MHz　　001：16 MHz　　010：8 MHz 011：4 MHz　　100：2 MHz　　101：1 MHz 110：500 kHz　　111：250 kHz 注：CLKCONCMD. TICKSPD 可以设置为任意值，但是结果受 CLKCONCMD. OSC 设置的限制，即如果 CLKCONCMD. OSC = 1，不管 TICKSPD 是多少，实际的 TICKSPD 是 16 MHz

如何设置时钟晶振 32 MHz？

CLKCONCMD & = ~(1 << 6);

或 CLKCONCMD & = ~0x40。

2. CLKCONSTA 时钟控制状态寄存器(表6-3)

表6-3　CLKCONSTA (0x9E) 时钟控制状态

位	名　称	复　位	R/W	描　　述
7	OSC32K	1	R	当前选择的32kHz时钟源 0：32 kHz 晶振　　　　1：32 kHz RCOSC
6	OSC	1	R	当前选择系统时钟 0：32 MHz XOSC　　　　1：16 MHz RCOSC
5：3	TICKSPD	001	R	当前设定定时器标记输出 000：32 MHz　　001：16 MHz　　010：8 MHz 011：4 MHz　　100：2 MHz　　101：1 MHz 110：500 kHz　　111：250 kHz
2：0	CLKSPD	001	R	当前时钟速度 000：32 MHz　　001：16 MHz　　010：8 MHz 011：4 MHz　　100：2 MHz　　101：1 MHz 110：500 kHz　　111：250 kHz

CC2530 的电源管理寄存器有 3 个：PCON 为供电模式控制寄存器；SLEEPCMD 为睡眠模式控制器；SLEEPSTA 为睡眠模式控制状态寄存器。

3. PCON 为供电模式控制寄存器(表6-4)

表6-4　PCON (0x87) 供电模式控制

位	名　称	复　位	R/W	描　　述
7：1	—	000000	R0	保留
0	IDLE	0	R0/WH0	供电模式控制 1：强制设备进入 SLEEP. MODE 设置供电模式。如果 SLEEP. MODE = 0x00 且 IDLE = 1 将停止 CPU 内核活动。中断可以清除此位

4. SLEEPCMD 为睡眠模式控制器(表6-5)

表6-5　SLEEPCMD (0xBE) 睡眠模式控制

位	名　称	复　位	R/W	描　　述
7	OSC32K_CALDIS	0	R/W	禁用32 kHz RC 振荡器校准 0：使能 32 kHz RC 振荡器校准 1：禁用 32 kHz RC 振荡器校准 此设置可以在任何时间写入，但芯片没有运行在 16 MHz 高频 RC 振荡器时不起作用

位	名　称	复　位	R/W	描　述
6:3	—	0000	R0	保留
2	—	1	R/W	总为1，关闭不用的RC振荡器
1:0	MODE[1:0]	00	R/W	供电模式设置 00：主动/空闲模式　　01：PM1 10：PM2　　11：PM3

在选定主时钟之后，需要关闭不用的RC振荡器，此时需要设置SLEEPCMD的哪位？

```
//关闭不用的 RC 振荡器
SLEEPCMD | = (1 << 2);
或 SLEEPCMD | = 0x04;
```

5. SLEEPSTA 为睡眠模式控制状态寄存器(表6-6)

表6-6　SLEEPSTA (0x9D)睡眠模式控制状态

位	名　称	复　位	R/W	描　述
7	OSC32K_CALDIS	0	R	禁用 32 kHz RC 振荡器校准 0：使能 32 kHz RC 振荡器校准 1：禁用 32 kHz RC 振荡器校准 此设置可以在任何时间写入，但芯片没有运行在 16 MHz 高频 RC 振荡器时不起作用
6	XOSC_STB	0	R	32 MHz 晶振稳定状态 0：32 MHz 晶振上电不稳定或者没有上电 1：32 MHz 晶振上电稳定
5	—	0	R	保留
4:3	RST[1:0]	XX	R	状态位，表示上一次复位的原因 00：上电复位和掉电探测 01：外部复位 10：看门狗定时器复位 11：时钟丢失复位
2:1	—	00	R	保留
0	CLK32K	0	R	32 kHz 时钟信号(与系统时钟同步)

SLEEPSTA 寄存器的第 6 位在 CC2530 数据手册中为保留，经过查阅相关资料，在 CC2430 的数据手册中注释为检测 32 MHz 晶振是否稳定。当 32 MHz 晶振稳定之后才使

用 32 MHz 晶振作为主时钟源。如何判断 32 MHz 晶振是否稳定?

```
//等待晶振稳定
while(!(SLEEPSTA & 0x40));
```

6. 睡眠定时器寄存器(表 6-7~表 6-9)

表 6-7 ST2 (0x97)睡眠定时器 2

位	名　称	复　位	R/W	描　　述
7:0	ST2[7:0]	0X00	R/W	休眠定时器计数/比较值。读取时,该寄存器返回休眠定时器的高位[23:16]。当写该寄存器的值设置比较值的高位[23:16]。在读寄存器 ST0 时值的读取是锁定的。当写 ST0 时写该值是锁定的

表 6-8 ST1 (0x96)睡眠定时器 1

位	名　称	复　位	R/W	描　　述
7:0	ST1[7:0]	0X00	R/W	休眠定时器计数/比较值。当读取时,该寄存器返回休眠定时计数的中间位[15:8]。当写该寄存器时设置比较值的中间位[15:8]。在读取寄存器 ST0 时读取该值是锁定的。当写 ST0 时该值是锁定的

表 6-9 ST0 (0x95)睡眠定时器 1

位	名　称	复　位	R/W	描　　述
7:0	ST1[7:0]	0X00	R/W	休眠定时器计数/比较值。当读取时,该寄存器返回休眠定时计数的低位[7:0]。当写该寄存器时设置比较值的低位[7:0]。写该寄存器被忽略,除非 STLOAD. LDRDY 是 1

任务 15　CC2530 系统时钟的设置

6.1.1　任务环境

(1)硬件:CC2530 开发板 1 块(LED 模块),CC2530 仿真器,PC 机;

(2)软件:IAR-EW8051-8101 或 IAR-EW8051-760A。

6.1.2　任务分析

CC2530 的很多 IO 接口部件运行都与时钟有密切关系，如串口控制器的波特率、定时器的定时周期、RF 电路。要正确地通过程序操纵这些接口，必须让 CC2530 工作在一定的时钟频率下。

（1）CC2530 的时钟

高速时钟：CPU、串口等；

低速时钟：看门狗定时器、睡眠定时器等。

（2）高速时钟的频率
$$
\begin{cases}
\text{高速时钟源：CLKCONCMD}[6]\begin{cases} 0：32\,\text{MHz 外部晶体} \\ 1：16\,\text{MHz 的内部时钟}\end{cases} \\[2ex]
\text{时钟分频值：CLKCONCMD}[2：0]
\end{cases}
$$

高速时钟的频率 = 时钟源的频率/$2^{\text{时钟分频值}}$

例如，让 CC2530 高速时钟工作在 32 MHz 下：

◇ 第一个动作　选择高速时钟源为外部32 MHz 晶振→CLKCONCMD 的第6 为清0→C 语言如何实现？

◇ 第二个动作　等待晶振稳定(因为新的时钟源起振需要一段时间)→等待 CLKCONSTA 第6 位清0→C 语言如何实现？

◇ 第三个动作　设定时钟分频值为0→CLKCONCMD[2：0]清0→C 语言如何实现？

若 CC2530 高速时钟工作在 16 MHz(32 MHz 的 2 分频)下：

◇ 第一个动作　同上不变

◇ 第二个动作　同上不变

◇ 第三个动作　设定时钟分频值为1→CLKCONCMD[2：0]=001→C 语言如何实现？

6.1.3　任务实施

1. CC2530 时钟的设置

开发板 B 上的发光二极管为 0 灭 1 亮，试通过不修改延时函数的参数，修改时钟的设置来修改 LED 灯闪烁的频率，以下代码可令 LED 灯以固定的频率闪烁。

```c
#include <ioCC2530.h>
#include <stdbool.h>
#define  LED1  P1_0
__bit  __no_init  bool  isLight;
void led_init()
{
  //初始化 LED1 所链接的 IO 口 P1_0:0 灭 1 亮
  P1SEL& = ~(1 <<0);
```

```
  P1DIR | = (1 << 0);
  LED1 = isLight;
}
void delay(unsigned int count)
{
  unsigned int i,j;
  for(i = 0; i < count; i + +)
  {
    for(j = 0; j < 10000; j + +)
      ;
  }
}
void clock_set()
{
  //选择 32 MHz 外部晶振作为系统时钟源
  //等待晶振稳定
    /* * * * * * * * * * * * *
  000: 32 MHz
  001: 16 MHz
  010: 8 MHz
  011: 4 MHz
  100: 2 MHz
  101: 1 MHz
  110: 500 kHz
  111: 250 kHz
  * * * * * * * * * * * * * * /
//设置系统时钟为 32 MHz
  CLKCONCMD& = ~ (1 << 6);//选择 32 MHz 晶振
  while(CLKCONSTA&(1 << 6));//判断当前选择时钟是否是 32 MHz
  CLKCONCMD& = ~0X07;//设置时钟不分频
}

void main()
{
  clock_set();
  led_init();
  //isLight = true;
  //isLight = false;
  for(;;)
  {
    //修改 LED1 的状态
   //isLight = ~isLight;
    LED1 = ~ LED1;
    delay(10);
  }
}
```

将上述代码下载到开发板，可以观察到 LED 灯以一定的频率进行闪烁，修改时钟的分频，改变时钟的频率，当时钟频率在 16 MHz 时，时钟代码修改如下：

```
//设置系统时钟为16 MHz
   CLKCONCMD& = ~(1 << 6);//选择32 MHz 晶振
   while(CLKCONSTA&(1 << 6));//判断当前选择时钟是否是32 MHz
   CLKCONCMD | = (1 << 0);//001  16 MHz
   CLKCONCMD& = ~((1 << 1) | (1 << 2));
   //101 1M
   CLKCONCMD | = ((1 << 0) | (1 << 2));
   CLKCONCMD& = ~(1 << 1);
```

(1)修改程序，让系统时钟频率工作在 1 MHz 下(32 MHz 进行几分频是 1 MHz?)，编译下载运行，观察灯的闪烁现象相比在 32 MHz 频率下闪烁时有什么变化并解释原因。

(2)修改程序，让系统时钟频率工作在 250 kHz 下(32 MHz 进行几分频是 250 kHz?)，编译下载运行，观察灯的闪烁现象相比在 32 MHz 频率下闪烁时有什么变化并解释原因。

6.1.4　任务拓展

试着填写下列代码，完善设置系统时钟的函数，编译下载并观察实验现象。

```
/* * * * * * * * * * * * * * *
功能:设置系统时钟
参数:
bool isXOSC:true 则选择外部32 MHz 晶振作为系统时钟源,反之则为内部16 MHz RCOSC;
char prescaler:CLKCONCMD[2:0],与分频值
* * * * * * * * * * * * * * * /
void set_clock(bool isXOSC,char prescaler)
{
   //请补充代码



}
```

任务 16　睡眠模式

6.2.1　任务环境

(1)硬件：CC2530 开发板 1 块(LED 模块)，CC2530 仿真器，PC 机；
(2)软件：IAR-EW8051-8101 或 IAR-EW8051-760A。

6.2.2 任务分析

本任务在主动模式下 LED1 闪烁 5 次之后，进入睡眠模式，在睡眠模式下使用睡眠定时器计时，定时 4 s 结束后进入睡眠定时器中断服务函数，回到主动模式。每次进入到睡眠模式时，LED1 会保持为进入睡眠模式之前的状态；每次从睡眠模式回到主动模式时，LED2 的亮灭状态都会改变一次。

6.2.3 任务实施

通过修改 PowerSet 函数里的参数分别为 0、1、2、3，分别进入 PM0、PM1、PM2、PM3 等的供电模式下工作，试观察在 4 种模式下 LED1 和 LED2 的亮灭情况，并总结出进入不同的睡眠模式之后单片机的 IO 口、振荡器等是否工作。注意：在上述 4 种电源模式下，都可以通过单片机的复位来回到主动模式；当进入睡眠模式之后可以按下单片机的复位按键，又可以看见 LED1 开始闪烁，闪烁 5 次之后会再次进入对应的睡眠模式。

```
//头文件、宏定义
#include <ioCC2530.h>
#define uint unsigned int
#define uchar unsigned char
#define LED1 P1_0
#define LED2 P1_1
uint   counter =0;//统计次数

//LED 初始化
void Initled(void)
{
    P1SEL& = ~ ((1 <<0) | (1 <<1));
    P1DIR | = ((1 <<0) | (1 <<1));
    LED1 = 0;
    LED2 = 0;
}


    //延时函数
void Delay()
{
    unsigned int x;
    unsigned int y;
    for(x = 0; x < 500; x ++)
        for(y = 0; y < 500; y ++);
}
```

```
//电源设置函数
void PowerSet(uchar mode)
{
    unsigned int i;
    i = mode;
    if(i < 4)
    {
      SLEEPCMD & = ~0x03;
      SLEEPCMD | = i;
      PCON = 0x01;
    }
    else
    {
      PCON = 0x00;
    }
}


//主函数
void main()
{
    Initled();
    LED2 = 1;
    while(1)
    {
      LED1 = !LED1;
      counter + +;
      if(counter > 10)
        {
          counter = 0;
          LED2 = 0;
          PowerSet(0);
        }
      Delay();
    }
}
```

6.2.4 任务拓展

试在上述代码基础上修改，实现按键的外部中断唤醒睡眠模式，或通过声音传感器/土壤湿度传感器检测到有声音/潮湿时进入中断，唤醒睡眠模式回到主动模式。

任务 17　睡眠模式——定时器唤醒

6.3.1　任务环境

(1)硬件：CC2530 开发板 1 块(LED 模块)，CC2530 仿真器，PC 机；

(2)软件：IAR-EW8051-8101 或 IAR-EW8051-760A。

6.3.2　任务分析

本任务在主动模式下 LED 闪烁几次之后，进入睡眠模式。在睡眠模式下使用睡眠定时器计时，定时结束后进入睡眠定时器中断服务函数，回到主动模式。

6.3.3　任务实施

1. 睡眠模式 – 定时器唤醒代码 1

```
//头文件
#include <ioCC2530.h>
#define uint unsigned int
#define uchar unsigned char
#define ulong unsigned long
#define LED1 P1_0    //P1.0 口控制 LED1
#define LED2 P1_1    //P1.1 口控制 LED2

//LED 初始化
void Initled(void)
{
    P1SEL& = ~((1<<0) | (1<<1));
    P1DIR | = ((1<<0) | (1<<1));
    LED1 = 0;
    LED2 = 0;
}

//延时函数
void Delay()
{
    unsigned int x;
    unsigned int y;
    for(x = 0; x < 500; x++)
        for(y = 0; y < 500; y++);
}
```

```
//电源设置函数
void PowerSet (uchar mode)
{
    if (mode < 4)
    {
        SLEEPCMD |= mode;      //设置系统睡眠模式
        PCON = 0x01;           //进入睡眠模式,通过中断唤醒
    }
    else
        PCON = 0x00;           //通过中断唤醒系统
}


//睡眠定时器初始化
void InitSleepTimer (void)
{
    ST2 = 0X00;
    ST1 = 0X0F;
    ST0 = 0X0F;
    EA = 1;       //开中断
    STIE = 1;     //睡眠定时器中断使能、允许
    STIF = 0;     //清睡眠定时器中断标志位
}


//设置睡眠时间
void Set_ST_Period (uint sec)
{
    ulong sleepTimer = 0;
    //把 ST2:ST1:ST0 赋值给 sleeptimer
    sleepTimer |= ST0;
    sleepTimer |= (ulong)ST1 <<  8;
    sleepTimer |= (ulong)ST2 << 16;
    //低速频率为 32.768 kHz,故每秒定时器计数 32 768 次
    sleepTimer += ((ulong)sec * (ulong)32768);
    //把加 n 秒的计数值赋给 ST2:ST1:ST0
    ST2 = (uchar)(sleepTimer >> 16); //应该最先设定
    ST1 = (uchar)(sleepTimer >> 8);
    ST0 = (uchar) sleepTimer;
}
```

```
//主函数
void main(void)
{
    uchar i = 0;
    Initled();                      //设置 LED 灯相应的 IO 口
    InitSleepTimer();               //初始化休眠定时器
    while(1)
    {
        for (i = 0; i < 10; i + +)   //LED1 闪烁 5 次提醒用户将进入睡眠模式
        {
            LED1 = ~ LED1;
            Delay();
        }
        Set_ST_Period(4);     //设置睡眠时间,睡眠 4 s 后唤醒系统
        PowerSet(1);          //重新进入睡眠模式 PM1
        LED2 = ~ LED2;
    }
}


//睡眠定时器中断函数
#pragma vector = ST_VECTOR
__interrupt void ST_ISR(void)
{
    STIF = 0;               //清标志位
    PowerSet(4);    //进入正常工作模式
}
```

2. 睡眠模式 - 定时器唤醒代码 2：利用睡眠定时器进行系统唤醒，每次系统唤醒时 LED2 灯亮。

```
//头文件
#define uint unsigned int
#define uchar unsigned char
#define uint8 unsigned char
#define uint32 unsigned long
#define LED1 P1_0      //P1.0 口控制 LED1
#define LED2 P1_1      //P1.1 口控制 LED2
#define crystal 0//晶振
#define rc 1//RC
char ledblink;//唤醒标志
```

```
//LED 初始化
void Initled(void)
{
    P1SEL& = ~((1 << 0) | (1 << 1));
    P1DIR | = ((1 << 0) | (1 << 1));
    LED1 = 0;
    LED2 = 0;
}


//设定系统主时钟
void set_main_clock(source)
{
  if(source)
  {
    CLKCONCMD | = 0X40;//选择 16 MHz RCOSC 为系统时钟源
    while(!(CLKCONSTA & 0X40));//等待时钟稳定
  }
  else
  {
    CLKCONCMD & = 0XBF;//选择 32 MHz XOSC 为系统时钟源
    while(CLKCONSTA & 0X40);//等待时钟稳定
  }
}


//设置系统低速时钟
void set_low_clock(source)
{
  if(source)
  {
    CLKCONCMD | = 0X80;//选择 32 kHz RCOSC 为低速时钟源
  }
  else
  {
    CLKCONCMD & = 0X7F;//选择 32 kHz XOSC 为低速时钟源
  }
}


//初始化睡眠定时器
void init_sleep_timer(void)
{
  ST2 = 0X00;
```

```
    ST1 = 0X0F;
    ST0 = 0X0F; //设置计数值
    EA = 1; //开中断
    STIE = 1; //使能睡眠定时器中断
    STIF = 0; //清除睡眠定时器中断标志
}

//延时函数
void delay(uint n)
{
    uint i;
    for(i = 0; i < n; i++)
            for(i = 0; i < n; i++);
}

//led 闪烁函数
void ledglint(void)
{
    uchar jj = 10;
    while(jj--)
    {
        LED1 = !LED1;
        delay(60000);
    }
}

//设置睡眠时间
void set_st_period(uint sec)
{
    uint32 sleeptimer = 0;
    //把 ST2:ST1:ST0 赋值给 sleeptimer
    sleeptimer |= ST0;
    sleeptimer |= (uint32)ST1 << 8;
    sleeptimer |= (uint32)ST2 << 16;

    //低速频率为 32.768 kHz,故每秒定时器计数 32 768 次
    sleeptimer += ((uint32)sec* (uint32)32 768);

    //把加 n 秒的计数值赋给 ST2:ST1:ST0
    ST2 = (uint8)(sleeptimer >>16);
    ST1 = (uint8)(sleeptimer >>8);
```

```
  ST0 = (uint8)sleeptimer;
}


//主函数
void main(void)
{
  set_main_clock(crystal);
  set_low_clock(crystal);
  initled();
  ledblink = 0;
  LED1 = 1;
  LED2 = 0;
  init_sleep_timer();
  ledglint();
  set_st_period(3);

  while(1)
  {
    if(ledblink)//唤醒操作
    {
      ledglint();
      set_st_period(3);
      LED2 = !LED2;
      ledblink = 0;
    }
    delay(100);
  }
}


//睡眠定时器中断服务函数
#pragma vector = ST_VECTOR
__interrupt void ST_ISR(void)
{
  STIF = 0;//标志清除
  ledblink = 1;//唤醒
}
```

分别下载上述两个代码，试分析出不同与相同之处。

📖 **课后阅读**

从空闲模式唤醒到主动模式的方法可以使用中断；从 PM1、PM2 唤醒到主动模式的方式有复位、外部中断、睡眠定时器中断；从 PM3 唤醒到主动模式的方式有复位、外部中断。

当使用睡眠定时器唤醒到主动模式时的步骤为：睡眠定时器中断使能→设置睡眠定时器时间间隔→设置电源模式。

CC2530 的睡眠定时器时一个运行于 32 kHz 的 24 位定时器，使用的寄存器有 ST0、ST1、ST2。当使用睡眠定时器读时的顺序为：ST0→ST1→ST2；当使用睡眠定时器写时的顺序为 ST2→ST1→ST0。

📖 **项目总结**

（1）CC2530 单片机的时钟控制器的原理与编程；
（2）CC2530 单片机进入到对应的睡眠模式的原理与编程；
（3）使用睡眠定时器进行 CC2530 单片机从睡眠模式唤醒的原理与编程。

习题

1. CC2530 的工作模式可以分为哪几种？哪种最省电，哪种最耗电？

2. 从 PM1 或 PM2 模式下唤醒到主动模式可以有哪几种操作方式，从 PM3 模式下唤醒到主动模式可以有哪几种操作方式？

项目七　看门狗

☞ 项目概述

本项目主要内容是 CC2530 看门狗的控制与编程，包含 1 个任务。

该任务通过设置 CC2530 单片机的看门狗定时器工作在看门狗模式下，通过能否定期"喂狗"来感受系统是否复位。

☞ 项目目标

知识目标

　　(1)了解看门狗的工作特点；

　　(2)熟悉看门狗的工作原理；

　　(3)掌握看门狗的工作模式和编程方法。

技能目标

　　(1)会根据实际应用配置看门狗；

　　(2)会计算时间知道"喂狗"时间。

情感目标

　　(1)培养积极主动的创新精神；

　　(2)锻炼发散思维能力；

　　(3)养成严谨细致的工作态度；

　　(4)培养观察能力、实验能力、思维能力、自学能力。

☞ 原理学习

在 CPU 可能受到一个软件颠覆的情况下，看门狗定时器(WDT)用作一个恢复的方法。当软件在选定时间间隔内不能清除 WDT 时，WDT 必须复位系统。看门狗可用于受到电气噪声、电源故障、静电放电等影响的应用场景，或其他有着高可靠性要求的应用环境。如果一个应用不需要看门狗功能，可以配置看门狗定时器为一个间隔定时器，这样可以用于在选定的时间间隔产生中断。

看门狗定时器的特性如下：

◇ 4 个可选的定时器间隔；

◇ 看门狗模式；

◇ 定时器模式；

◇ 在定时器模式下产生中断请求。

WDT 可以配置为一个看门狗定时器或一个通用的定时器。WDT 模块的运行由 WDCTL 寄存器控制。看门狗定时器包括一个 15 位计数器，它的频率由 32 kHz 时钟源规定。注意：用户不能获得 15 位计数器的内容。在所有供电模式下，15 位计数器的内容保留，且当重新进入主动模式，看门狗定时器继续计数。

在系统复位之后，看门狗定时器就被禁用。要设置 WDT 在看门狗模式，必须设置 WDCTL. MODE[1：0]位为 10。然后看门狗定时器的计数器从 0 开始递增。在看门狗模式下，一旦定时器使能，就不可以禁用定时器，因此，如果 WDT 位已经运行在看门狗模式下，再往 WDCTL. MODE[1：0]写入 00 或 10 就不起作用了。

WDT 运行在一个频率为 32. 768 kHz(当使用 32 kHz XOSC)的看门狗定时器时钟上。这个时钟频率的超时期限等于 1. 9 ms、15. 625 ms、0. 25 s 和 1 s，分别对应 64、512、8 192和 32 768 的计数值设置。如果计数器达到选定定时器的间隔值，看门狗定时器就为系统产生一个复位信号。如果在计数器达到选定定时器的间隔值之前执行了一个看门狗清除序列，计数器就复位到 0，并继续递增。看门狗清除的序列包括在一个看门狗时钟周期内，写入 0xA 到 WDCTL. CLR[3：0]，然后写入 0x5 到同一个寄存器位。如果这个序列没有在看门狗周期结束之前执行完毕，看门狗定时器就为系统产生一个复位信号。

在看门狗模式下，要设置 WDT 使能，就不能通过写入 WDCTL. MODE[1：0]位改变这个模式，且定时器间隔值也不能改变。在看门狗模式下，WDT 不会产生一个中断请求。

在定时器模式下，要在一般定时器模式下设置 WDT，必须把 WDCTL. MODE[1：0]位设置为 11。定时器开始运行，且计数器从 0 开始递增。当计数器达到选定间隔值，定时器将产生一个中断请求(IRCON2. WDTIF/IEN2. WDTIE)。在定时器模式下，可以通过写入 1 到 WDCTL. CLR[0]来清除定时器内容。当定时器被清除，计数器的内容就置为 0。写入 00 或 01 到 WDCTL. MODE[1：0]来停止定时器，并清除它为 0。定时器间隔由 WDCTL. INT[1：0]位设置。在定时器操作期间，定时器间隔不能改变，且定时器开始时必须设置。在定时器模式下，当达到定时器间隔时，不会产生复位。

注意：如果选择了看门狗模式，定时器模式不能在芯片复位之前选择。

☞ **相关寄存器**

1. WDCTL(0xC9)——看门狗定时器控制(见表7-1)

表7-1　WDCTL(0xC9)看门狗定时器控制

位	名　称	复　位	R/W	描　　述
7:4	CLR[3:0]	0000	R/W	清除定时器。当0xA跟随0x5写到这些位,定时器被清除(即加载0)。注意:定时器仅写入0xA后,在1个看门狗时钟周期内写入0x5时被清除。当看门狗定时器是IDLE位时,写这些位没有影响。当运行在定时器模式,定时器可以通过写1到CLR[0](不管其他3位)被清除为0x0000(但是不停止)
3:2	MODE[1:0]	00	R/W	模式选择。该位用于启动WDT处于看门狗模式还是定时器模式。当处于定时器模式,设置这些位为IDLE将停止定时器。注意:当运行在定时器模式时要转换到看门狗模式,首先停止WDT,然后启动WDT处于看门狗模式,当运行在看门狗模式,写这些位没有影响 00:IDLE　　　　　01:IDLE(未使用,等于00设置) 10:看门狗模式　　11:定时器模式
1:0	INT[1:0]	00	R/W	定时器间隔选择。这些位选择定时器间隔定义为32 kHz振荡器周期的规定数。注意间隔只能在WDT处于IDLE时改变,这样间隔必须在定时器启动的同时设置 00:定时周期×32 768(～1 s)当运行在32 kHz XOSC 01:定时周期×8 192(～0.25 s) 10:定时周期×512(～15.625 ms) 11:定时周期×64(～1.9 ms)

任务18　看门狗

7.1.1　任务环境

(1)硬件:CC2530开发板1块(LED模块),串口线,CC2530仿真器,PC机;

(2)软件:IAR-EW8051-8101或IAR-EW8051-760A。

7.1.2　任务实施

(1)将单片机开发板和 PC 机用串口连起来，并打开串口调试助手(8 位数据位、没有校验位、1 位停止位、没有流控、波特率 115 200)，编译下载运行下述代码，请描述你所看到的实验现象。

```
//串口头文件:uart.h
#ifndef __UART_H__
#define __UART_H__
extern void uart0_init(void);
extern void uart0_send_byte(char tmp);
extern void uart0_send_str(char * pStr);
#endif


//串口头 C 文件:uart.c
#include <ioCC2530.h>
void uart0_init(void)
{
  PERCFG& = ~0X1;
  P2DIR& = ~(0X3 <<6);
  P0SEL | = (0X3 <<2);
  U0CSR = (1 <<7) | (1 <<6);
  U0GCR =11;
  U0BAUD =216;
  UTX0IF =1;

  URX0IF =0;
  URX0IE =1;
  EA =1;
}

void uart0_send_byte(char tmp)
{
    while(UTX0IF = =0);
    UTX0IF =0;
    U0DBUF =tmp;
}
```

```
void uart0_send_str(char * pStr)
{
  while(* pStr! =0)
  {
    uart0_send_byte(* pStr + +);
  }
}

#pragma vector =0x13
__interrupt void uart0_receive_isr(void)
{
  unsigned char duty;
  duty =U0DBUF;
    uart0_send_byte(duty);
}

//看门狗头文件: watchdog. h
#ifndef __CC2530_WDT_H__
#define __CC2530_WDT_H__
extern void wdt_init(void);
extern void wdt_feed(void);
#endif

//看门狗 C 文件: watchdog. c
#include "watchdog. h"
#include <ioCC2530. h >
void wdt_init(void)
{
  WDCTL& = ~0X3 ;
  WDCTL& = ~ (1 <<2) ;
  WDCTL | = (1 <<3) ;
}
void wdt_feed(void)
{//看门控制器狗运行在看门狗模式时, 程序员不能改变 WDCTL 的低 4 位,
  WDCTL =0XA0 ;
  WDCTL =0X50 ;
}

//主程序: main. c
#include <ioCC2530. h >
#include "uart. h"
```

```
#include "watchdog.h"
void set_clock_speed()
{
  CLKCONCMD& = ~ (1 << 7);
  while(CLKCONSTA&(1 << 7));
  CLKCONCMD& = ~ (1 << 6);
  while(CLKCONSTA&(1 << 6));
  CLKCONCMD& = ~ 0X7;
}


//32 MHz,延迟 count 毫秒
void delay(unsigned int count)
{
  unsigned int i,j;
  for(i = 0;i < count;i + +)
    for(j = 0;j < 1174;j + +) ;
}


void main()
{
  set_clock_speed();
  uart0_init();
  wdt_init();
  uart0_send_str("CC2530 watch dog experiment begin! \ r \ n");
  while(1)
  {
    wdt_feed();//如果删掉此行,会有什么不一样的实验现象?
    delay(500);//如果此处改成 2000,实验现象会有什么不同?
    uart0_send_str("Begin sensor data collect. \ r \ n");
  }
}
```

（2）请对 watchdog.c 进行注释。

（3）在 main.c 文件中，如果删掉 wdt_feed( )；语句在编译运行会有不同的实验现象？并解释原因。

（4）保留 wdt_feed( )；语句，再将 delay(500)改成 delay(2000)后编译运行，又会有什么不同的实验现象？试着解释原因。

7.1.3　任务拓展

请编程实现：CC2530 的看门狗作为一个普通的定时器使用，要求每 5 s 向串口输出 "Hello, young man!"

课后阅读

当启动看门狗定时器后，看门狗定时器从 0 开始计数。若编写的程序在规定的时间间隔里没有对看门狗定时器进行清零，看门狗定时器会启动单片机的复位系统。

看门狗模式下的工作：选择为看门狗工作模式→配置定时器间隔→"放狗"→定期"喂狗"。若从"放狗"到"喂狗"的时间间隔大于设置时间间隔，会向系统发送一个复位信号。

项目总结

(1) CC2530 单片机看门狗的工作特性；

(2) 看门狗模式和定时器模式；

(3) "喂狗"的时间间隔；

(4) 看门狗的编程步骤。

习题

请总结 CC2530 看门口控制器作为一个看门狗使用的编程步骤。

第二部分　进阶提升

项目八 传感器

☞ 项目概述

本项目主要内容是 CC2530 相关传感器的控制与编程，包含 4 个任务。

任务 1 通过 ADC 转换控制方法采集光敏传感器的光照强度以及 CC2530 芯片 CPU 的温度；

任务 2 和任务 3 都是基于单总线通信的工作原理，任务 2 采集了 18B20 传感器的温度；

任务 3 采集了 DHT11 的温度和湿度；

任务 4 通过 IIC 通信的工作原理采集了三轴加速度传感器的相关数据。

☞ 项目目标

知识目标

(1) 理解 ADC 转换的工作原理与编程；

(2) 掌握单总线通信的工作原理与编程；

(3) 熟悉 IIC 通信的工作原理与编程；

(4) 掌握查阅数据手册与文献的方法。

技能目标

(1) 会利用 ADC 转换采集相关传感器的数据；

(2) 会利用单总线通信方式采集相关传感器的数据；

(3) 会利用 IIC 通信方式采集相关传感器的数据；

(4) 能够独立查阅相关的数据手册与文献。

情感目标

(1) 培养积极主动的创新精神；

(2) 锻炼发散思维能力；

(3) 养成严谨细致的工作态度；

(4) 培养观察能力、实验能力、思维能力、自学能力。

任务 19　ADC 转换

8.1.1　任务环境

（1）硬件：CC2530 开发板 1 块，CC2530 仿真器，PC 机，串口线，光敏传感器；

（2）软件：IAR-EW8051-8101 或 IAR-EW8051-760A。

8.1.2　任务分析

真实世界的模拟信号，如温度、压力、声音或者图像等，需要转换成更容易储存、处理和发射的数字形式。模数变换主要是对模拟信号进行采样，然后量化编码为二进制数字信号；数模变换是模数变换的逆过程，主要是将当前数字信号重建为模拟信号。

将模拟信号转换成数字信号的电路，称为模数转换器（简称 A/D 转换器或 ADC，analog to digital converter），A/D 转换的作用是将时间连续、幅值也连续的模拟量转换为时间离散、幅值也离散的数字信号，因此，A/D 转换一般要经过取样、保持、量化及编码 4 个过程，如图 8-1 所示。在实际电路中，这些过程有的是合并进行的，例如，取样和保持，量化和编码往往都是在转换过程中同时实现的。

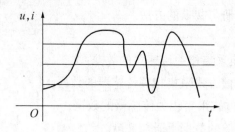

图 8-1　模数转换过程

如图 8-2 所示，若将模拟信号的变化区间划分为 2 等分，则只需要 1 位二进制数来表示；若划分为 4 等分，需要 2 位二进制数来表示。

图 8-2　模数转换分析图

若转换之后的二进制数使用 8 位二进制数来表示，则是将整个模拟量的变化区间划分为 2^8 份，即 256 份；若转换之后的二进制数使用 16 位二进制数来表示，则是将整个模拟量的变化区间划分为 2^{16} 份，即 65536 份。

传统的 51 单片机在完成 ADC 转换时需要借助 AD 转换芯片，而 CC2530 单片机不需要借助额外的 AD 转换芯片，内置了 AD 转换功能，包括一个模拟多路转换器，具有多达 8 个可独立配置的通道以及一个参考电压发生器。采集模拟信号时可以直接将传感器连接在 CC2530 的 ADC 采样引脚上。

CC2530 的 ADC 支持多达 14 位模数转换,有效位数(ENOB)多达 12 位。ADC 包含 1 个具有多达 8 个独立配置通道的模拟多路转换器、1 个参考电压发生器。可以通过 DMA 将转换结果写入存储器。具有多种运行模式。

ADC 的主要特征如下:

◇ 可设置的分辨率(7 到 12 位);

◇ 8 个独立的输入通道,单端或差分;

◇ 参考电压可选为内部、外部单端、外部差分或 AVDD5;

◇ 中断请求产生;

◇ 转换结束时 DMA;

◇ 温度传感器输入;

◇ 电池测量能力。

使用 CC2530 单片机进行 ADC 转换时可以选择不用的分辨率/抽取率,转换结果可以用 7 ～ 12 位二进制数来表示。当转换结果为 7 位二进制数时,表示精度为参考值的 $1/2^7$ 分之一,当转换结果为 12 位二进制数时,表示精度为参考值的 $1/2^{12}$ 分之一,所以分辨率的位数越高精度就越高。

CC2530 单片机的 ADC 转换有 8 个独立的输入通道,如表 8 - 1 所示,P0 口的 8 个 IO 引脚可配置为外设,且只有一个位置,没有备用位置 2。各种传感器将模拟信号转换成模拟电压值,该电压值通过 P0_0 到 P0_7 中任一个 IO 引脚送到 CC2530,单片机通过内置的模数转换模块将该模拟电压值转换成二进制的数字信号。进行 ADC 转换时将从 P0 口输入的模拟信号进行模数转换,可接收单端或差分信号。当设置好相关的 ADC 中断初始化条件时,可以进行 ADC 中断控制。

表 8 - 1　CC2530 ADC 转换的 IO 外设映射

外设/功能	P0								P1								P2				
	7	6	5	4	3	2	1	0	7	6	5	4	3	2	1	0	4	3	2	1	0
ADC	A7	A6	A5	A4	A3	A2	A1	A0													T

当配置为单端输入时,只需要送一个模拟电压值给 P0 口,参考电压为芯片内部的参考电压或外部的参考电压。P0_0 到 P0_7 分别对应 AIN0 到 AIN7,用通道号码 0 ～ 7 表示。

当配置为差分输入时,一个 P0 口引脚输入的是模拟信号,一个引脚输入的是参考电压值,差分输入由通道号码 8 到 11 表示,由 AIN0 - 1、AIN2 - 3、AIN4 - 5 和 AIN6 - 7 四组组成。在选择差分输入的情况下,注意这些引脚不能使用负电源,或大于 VDD(未校准电源)的电源。

通道号码 12 到 15 分别表示 GND、温度传感器和 AVDD5/3,通过 CC2530 内置的

ADC 转换功能，可以测量芯片内部的工作温度、供电电池的电压以及某个电源引脚的电压值。当实现电池监测功能时，参考电压不能由电池电压决定，如 AVDD5 电压不能作为参考电压。

除了输入引脚 AIN0—AIN7，片上温度传感器的输出也可以选择作为 ADC 的输入，用于温度测量。必须通过配置寄存器 TR0 寄存器和 ATEST 寄存器可以获得片上温度。ADC 转换的输入端口：设置为外部设备、模拟外设配置。

1）TR0 寄存器（表 8 − 2）

表 8 − 2　TR0（0x624B）测试寄存器 0

位	名　称	复　位	R/W	描　述
7：1	—	0000000	R0	保留
0	ADCTM	0	R/W	设置为 1 连接温度传感器到 SOC_ADC，也可参见 ATEST 寄存器描述来使能温度传感器

2）ATEST 寄存器（表 8 − 3）

表 8 − 3　ATEST（0x61BD）模拟测试控制

位	名　称	复　位	R/W	描　述
7：6	—	00	R0	保留
5：0	ATEST_CTRL[5：0]	000000	R/W	控制模拟测试模式： 000000：禁用　000001：使能温度传感器

3）APCFG 寄存器（表 8 − 4）

表 8 − 4　APCFG（0xF2）模拟外设 I/O 配置

位	名　称	复　位	R/W	描　述
7：0	APCFG[7：0]	0X00	R/W	模拟外设 I/O 配置。APCFG[7：0]选择 P0_7—P0_0 作为模拟 I/O 0：模拟 I/O 禁用 1：模拟 I/O 使能

当 APCFG 寄存器选择为模拟量输入时，会覆盖 P0SEL 的设置的普通模式或外设模式。

ADC 的数字转换结果可以通过设置寄存器 ADCCON1 获得。

```
//开启 AD 转换
ADCCON1 | =0x40;
```

4）ADCCON1 寄存器（ADC 控制）（表 8 – 5）

表 8 – 5　ADCCON1（0xB4）ADC 控制 1

位	名　称	复位	R/W	描　述
7	EOC	0	R/H0	转换结束。当 ADCH 被获取时清除。如果已读取前一数据之前，完成一个新的转换，EOC 位仍然为高 0：转换没有完成　　　1：转换完成
6	ST	0	R/W	开始转换。读为 1，直到转换完成 0：没有转换正在进行 1：开始转换序列　如果 ADCCON1.ATAEL = 11 没有其他序列进行转换
5：4	STSEL[1：0]	11	R/W1	启动选择，选择该事件，将启动一个新的转换序列 00：P2.0 引脚的外部触发 01：全速，不等待触发器 10：定时器 1 通道 0 比较事件 11：ADCCON1.ST = 1
3：2	RCTRL[1：0]	00	R/W	控制 16 位随机数发生器。操作完成自动清零 00：正常运行　　　　01：LFSR 的时钟一次 10：保留　　　　　　11：停止。关闭随机数发生器
1：0	—	11	R/W	保留

ADC 的数字转换结果存放在寄存器 ADCH 和 ADCL 中，其中 ADCL 的低 2 位保留，高 6 位和 ADCH 一起组合成 14 位，用来保存 AD 转换之后的二进制数字量，其中最高有效数字位数为 12 位。

5）ADCL：ADC 数据低位（表 8 – 6）

表 8 – 6　ADCL（0xBA）ADC 数据低位

位	名　称	复位	R/W	描　述
7：2	ADC[5：0]	000000	R	ADC 转换结果低位部分
1：0	—	00	R0	保留

⑥ADCH：ADC 数据高位（表 8 – 7）

表 8 – 7　ADCH（0xBB）ADC 数据高位

位	名　称	复位	R/W	描　述
7：0	ADC[13：6]	0x00	R	ADC 转换结果高位部分

```
//将转换的结果从 ADC:ADCH 中取出放入到 temp 中
temp[1] = ADCL;
temp[0] = ADCH;
```

最高支持 14 位 AD 转换分辨率，但有效位是 12 位。ADCH 的最高位是符号位，对于单个测量，结果总是正，所以符号位总是 0。

00：64 采样率（7 bits 有效位数）——ADCH 低 7 位

01：128 采样率（9 bits）——ADCH 低 7 位 + ADCH 高 2 位

10：256 采样率（10 bits）——ADCH 低 7 位 + ADCH 高 3 位

11：512 采样率（12 bits）——ADCH 低 7 位 + ADCL 高 5 位

1. ADC 转换

ADC 的转换分为 ADC 序列转换和 ADC 单个转换。ADC 执行一系列的转换，并把转换结果通过 DMA 移动到存储器，不需要任何 CPU 的干预。单个转换，一次仅能转换一个通道，转换流程如下：

◇ 设置 ADC 转换输入端口；

◇ 使用 ADDCON3 进行单次 ADC 转换的配置，包括选择参考电压、分辨率等；

◇ 使用 ADDCON1 启动或检测 ADC 转换状态；

◇ 通过 ADCH[7：0]、ADCL[7：2]读取转换的值。

ADCCON2 和 ADCCON3 寄存器的第 6、7 位可配置为 00：内部参考电压 1.25 V；01：连接在 AIN7 引脚上的外部参考电压；10：AVDD5 引脚的电压；11：AIN6—AIN7 差分输入外部电压内部参考电压。

ADCCON2 和 ADCCON3 寄存器的第 4、5 位为 AD 转换后的数字量的二进制有效数字位数，最高有效数字位为 12 位。

```
//单次转换,参考电压为电源电压,对 P0.7 引脚上的模拟量进行采样,12 位分辨率
ADCCON3 = 0x37; //00110111
```

7）ADCCON3 寄存器（单个转换）（表 8-8）

表 8-8 ADCCON3（0xB6）ADC 控制 3

位	名　称	复　位	R/W	描　　述
7：6	EREF[1：0]	00	R/W	选择用于额外转换的参考电压 00：内部参考电压 01：AIN7 引脚上的外部参考电压 10：AVDD5 引脚 11：AIN6—AIN7 差分输入外部电压

位	名　称	复　位	R/W	描　　述
5：4	EDIV	00	R/W	00：64 抽取率(7 位有效数字位) 01：128 抽取率(9 位) 10：256 抽取率(10 位) 11：512 抽取率(12 位)
3：0	ECH	0000	R/W	单个通道选择。当单个转换完成，该位自动清除 0000：AIN0　　0001：AIN1　　0010：AIN2 0011：AIN3　　0100：AIN4　　0101：AIN5 0110：AIN6　　0111：AIN7　　1000：AIN0—AIN1 1001：AIN2—AIN3　　1010：AIN4—AIN5 1011：AIN6—AIN7　　1100：GND 1101：正电压参考　1110：温度传感器　1111：VDD/3

序列转换：一次转换多个通道。

APCFG 为 8 位模拟输入的 I/O 引脚设置，如果模拟 I/O 使能，每一个通道正常情况下应是 ADC 序列的一部分；如果相应的模拟 I/O 被禁用，将启用差分输入，处于差分的两个引脚必须在 APCFG 寄存器中设置为模拟输入引脚。

ADCCON2. SCH 寄存器位用于定义一个 ADC 序列转换，它来自 ADC 输入。当 ADCCON2. SCH 设置为一个小于 8 的值，转换序列来自 AIN0—AIN7 的每个通道上；当 ADCCON2. SCH 设置为一个在 8～12 之间的值，序列包括差分输入；当 ADCCON2. SCH 大于或等于 12，为单个 ADC 转换。

除了序列转换，每个通道都可以进行 ADC 单个转换，ADC 单个转换通过配置寄存器 ADCCON3 完成。当通过写 ADCCON3 触发的一个单个转换完成时，ADC 将产生一个中断。

ADC 可以执行序列转换，并且将结果移动到存储器(通过 DMA)，而不需要任何 CPU 干预。

APCFG 寄存器可以影响转换序列。ADC 的 8 个模拟输入来自 I/O 引脚，不需要经过编程转变为模拟输入。虽然一个通道通常为一个序列的一部分，但是在 APCFG 里禁止了相应的模拟输入，那么该通道将被忽略。当使用差分输入时，差分输入对的 2 个输入引脚都必须在 APCFG 寄存器里设置为模拟输入引脚。

ADCCON2. SCH 寄存器位用于定义来自 ADC 输入的 ADC 转换序列。当 ADCCON2. SCH 的值设置为小于 8 时，转换序列将包含一个来自每个从 0 开始递增的通道的转换，还包含在 ADCCON2. SCH 编程的通道号码。当 ADCCON2. SCH 的值设置为 8～12 之间时，序列包含差分输入，将从通道 8 开始，结束于已编程的通道。如果 ADCCON2. SCH 大于或等于 12，序列仅包含选择的通道。

8）ADCCON2 寄存器（序列转换）（表 8 - 9）

表 8 - 9　ADCCON2（0xB5）ADC 控制 2

位	名　称	复位	R/W	描　　述
7：6	SREF[1：0]	00	R/W	选择参考电压用于序列转换 00：内部参考电压 01：AIN7 引脚上外部参考电压 10：AVDD5 引脚 11：AIN6—AIN7 差分输入外部电压
5：4	SDIV	01	R/W	为包含在转换序列内的通道设置抽取率，抽取率也决定完成转换需要的时间和分辨率 00：64 抽取率（7 位有效数字位） 01：128 抽取率（9 位） 10：256 抽取率（10 位有效） 11：512 抽取率（12 位）
3：0	SCH	0000	R/W	序列通道选择 0000：AIN0　　0001：AIN1　　0010：AIN2　　0011：AIN3 0100：AIN4　　0101：AIN1　　0110：AIN6　　0111：AIN7 1000：AIN0—AIN1　　　　　　1001：AIN2—AIN3 1010：AIN4—AIN5　　　　　　1011：AIN6—AIN7 1100：GND　　　　　　1101：正电压参考 1110：温度传感器　　　　　　1111：VDD/3

2. ADC 转换结果

数字转换结果以 2 的补码形式表示。对于单端配置，结果总是为正。这是因为这个结果是 GND 和输入信号的差值，这个输入信号总是为有符号的正（$V_{conv} = V_{inp} - V_{inn}$，其中 $V_{inn} = 0$ V）。当输入信号等于选择的电压基准 V_{REF} 时，达到最大值。对于差分配置，2 个引脚对之间的差值被转换，并且这个差值可以为有符号的负。对于抽取率是 512，分辨率为 12 位，当模拟输入 V_{conv} 等于 V_{REF} 时，数字转换结果是 2047；当模拟输入等于 $-V_{REF}$ 时，转换结果是 -2048。

当 ADCCON1. EOC 置 1 时，ADCH 和 ADCL 里的数字转换结果可用。注意，转换结果总是驻留在 ADCH 和 ADCL 寄存器结合的最高有效位部分。

当读取 ADCCON2. SCH 位时，它们将指示正在进行的转换是在哪个通道上进行的。

ADCL 和 ADCH 里的转换结果通常适用于先前的转换。如果转换序列已经结束，ADCCON2. SCH 的值大于最后一个通道号码；但是，如果最后写入 ADCCON2. SCH 的通道号码为 12 或更大，读回值和写入值相同。

3. ADC 基准电压

模数转换的正基准电压是可选的，可以是一个内部产生的电压、AVDD5 引脚上的电压、应用在 AIN7 输入引脚的外部电压，或应用在 AIN6—AIN7 输入上的差分电压。

转换结果的准确性取决于基准电压的稳定性和噪声特性。期望电压的偏差会导致 ADC 增益误差，这与期望电压和实际电压的比例成正比。基准电压的噪声必须低于 ADC 的量化噪声，以保证达到规定的信噪比。

4. ADC 转换时间

ADC 只能运行在 32 MHz 晶体振荡器上，用户不能使用划分的系统时钟。4 MHz 的实际 ADC 采样频率是通过固定的内部划分器产生的。执行一个转换所需的时间取决于选择的抽取率。在一般情况下，转换时间由下式给定：

$$T_{\text{conv}} = (抽取率 + 16) \times 0.25\,\mu s$$

5. ADC 中断

当通过写 ADCCON3 而触发的一个单个转换完成时，ADC 将产生一个中断。而当完成一个序列转换时不会产生中断。

8.1.3　任务实施

(1)将 CC2530 的 AVDD 引脚上的 3.3 V 电压进行 AD 转换，通过串口在 PC 机显示结果。

```
//ADC 的初始化
void InitialAD(void)
{
  ADCH & = 0X00;//清 EOC 标志
  APCCFG | = 0X80;//P0.7 端口模拟 I/O 使能
  ADCCON3 =0xb7;//单次转换,参考电压为电源电压,对 P07 进行采样 12 位分辨率
  ADCCON1 = 0X30;//停止 A/D
  ADCCON1 | = 0X40;//启动 A/D
}

//头文件、宏定义以及函数声明
#include "ioCC2530.h"
#define uint unsigned int
#define LED1 P1_0
char temp[2];
uint adc;
float num;
char adcdata[] = "0.0V ";
void Delay(uint);
void initUARTtest(void);
void InitialAD(void);
void UartTX_Send_String(char * Data,int len);
```

```
//主函数部分
void main(void)
{
    P1DIR = 0x01;
    LED1 = 1;
    initUARTtest();
    InitialAD();
    while(1)
    {   //等待ADC转换完成
        if(ADCCON1&0x80)
        {
            temp[1] = ADCL;
            temp[0] = ADCH;
            InitialAD(); //开始为下一次转换做准备
            ADCCON1 |= 0x40;
            adc |= (uint)temp[1];
            adc |= ((uint) temp[0]) <<8;
            if(adc&0x8000) adc = 0; //如果转换之后的16位二进制数的最高位为1,
                                    //代表为负数,则将转换结果赋值为0
            num = adc* 3.3/8192; //将转换后的数按比例换算成参考电压为3.3 V的电压值
            adcdata[1] = (char)(num)% 10 +48;//提取换算后电压值的小数部分
            adcdata[3] = (char)(num* 10)% 10 +48;//提取换算后电压值的整数部分
            UartTX_Send_String(adcdata,6);
            Delay(30000);
            LED1 = ~ LED1;
            Delay(30000);
        }
    }
}
```

以上代码需要加上串口初始化和串口发送函数,通过设置合适的串口波特率,就可以在串口调试助手上查看到 AVDD 引脚上的电压值,每相隔一段时间就可看到单片机发送过来的"3.3 V"字符。

(2)检测 CC2530 CPU 的温度,进行 ADC 转换,通过串口 0 将数据发送到 PC 机,并在串口调试助手显示。由于该温度检测传感器在 CC2530 单片机内部,集成度太高导致温度检测的精度降低,检测出来的温度不太精确。

```
#include <ioCC2530.h>
#define led1 P1_0
/* 32 MHz 晶振初始化* /
void xtal_init(void)
{
  CLKCONCMD& = ~ (1 << 6);
  while(CLKCONSTA&(1 << 6));
  CLKCONCMD& = ~0X7;
}
/* LED 灯初始化* /
void led_init(void)
{
  P1SEL & = ~0x01;//P1_0 为普通 I/O 口
  P1DIR | = 0x01; //P1_0 为输出
  led1 = 0;
}
/* UART0 初始化* /
void  Uart0Init(unsigned char StopBits,unsigned char Parity)
{
  P0SEL | =  0x0C;   //初始化 UART0 端口
  PERCFG& = ~ 0x01; //选择 UART0 为可选位置一
  U0CSR = 0xC0;   //设置为 UART 模式,而且使能接收器
  U0GCR = 11;
  U0BAUD = 216;//设置 UART0 波特率为 115200b/s
  U0UCR | = StopBits | Parity;//设置停止位与奇偶校验
}

/* UART0 发送字符* /
void  Uart0Send(unsigned char data)
{
  while(U0CSR&0x01);//等待 UART 空闲时发送数据
  U0DBUF = data;
}

/* UART0 发送字符串* /
void Uart0SendString(unsigned char * s)
{
  while(* s != 0)
  Uart0Send(* s + +);
}
```

```
/* UART0 接收数据* /
unsigned char Uart0Receive(void)
{
  unsigned char data;
  while(!(U0CSR&0x04)); //查询是否收到数据,否则继续等待
  data = U0DBUF;
  return data;
}

/* 延时函数* /
void Delay(unsigned int n)
{
  unsigned int i;
  for(i=0;i<n;i++)
  for(i=0;i<n;i++);
  for(i=0;i<n;i++)
  for(i=0;i<n;i++);
  for(i=0;i<n;i++)
  for(i=0;i<n;i++);
}

/* 得到实际温度值* /
float getTemperature(void)
{
  unsigned int   value;
  ADCCON3  = (0x3E);//选择 1.25 V 为参考电压;14 位分辨率;
                    //对片内温度传感器采样
  ADCCON1 |= 0x30;  //选择 ADC 的启动模式为手动
  ADCCON1 |= 0x40;  //启动 ADC 转化
  while(!(ADCCON1 & 0x80)); //等待 ADC 转化结束
  value =  ADCL >> 2;
  value |= (ADCH << 6); //取得最终转化结果,存入 value 中
  return value* 0.06229 -311.43; //根据公式计算出温度值
}
/* 主函数* /
void main(void)
{
  char i;
  float avgTemp;
  unsigned char output[] ="";
  xtal_init();
```

```
led_init();
Uart0Init(0x00,0x00);    //初始化串口:无奇偶校验,停止位为1位
Uart0SendString("Hello CC2530 - TempSensor!\r\n");
while(1)
{
  led1 = 0;
  avgTemp = 0;
  for(i = 0 ; i < 64 ; i++)
  {
    avgTemp += getTemperature();
    avgTemp = avgTemp/2; //每采样1次,取1次平均值
  }
  output[0] = (unsigned char)(avgTemp)/10 + 48; //十位
  output[1] = (unsigned char)(avgTemp)%10 + 48; //个位
  output[2] = '.';   //小数点
  output[3] = (unsigned char)(avgTemp*10)%10 +48; //十分位
  output[4] = (unsigned char)(avgTemp*100)%10 +48; //百分位
  output[5] = '\0';   //字符串结束符
  Uart0SendString(output);
  Uart0SendString("℃\n");
  led1 = 1; //LED熄灭,表示转换结束
  Delay(50000);
  Delay(50000);
  Delay(50000);
  Delay(50000);
  }
}
```

上述代码解析：getTemperature( )函数，它是获取温度值的关键。

（1）首先配置 ADC 单次采样：令 ADCCON3 =0x3E，选择1.25 V 为系统电压，选择14 位分辨率，选择 CC2530 片内温度传感器作为 ADC 转换源。

（2）然后令 ADCCON1 | = 0x30，设置 ADC 触发方式为手动（即当 ADCCON.6 = 1 时，启动 ADC 转换）。

（3）接着令 ADCCON1 | = 0x40，启动 ADC 单次转换。

（4）使用语句 while(!（ADCCON1 & 0x80））等待 ADC 转换的结束。

（5）转换结果存放在 ADCH[7:0]（高8位），ADCH[7:2]（低6位），通过"value = ADCL > > 2; value | = (ADCH << 6);"将转换结果存进 value 中。

（6）最后利用公式 $temperature = value * 0.06229 - 311.43$，计算出温度值并返回即可。公式解析如下：在 CC2530 数据手册中有关于片内温度传感器的电器规范介绍。

表 8 - 10　模拟温度传感器参数

参　　　数	最小值	典型值	最大值	单位	条件/备注
-40℃时的输出电压		0.648		V	估计值
0℃时的输出电压		0.743		V	估计值
+40℃时的输出电压		0.840		V	估计值
+80℃时的输出电压		0.939		V	估计值
温度系数		2.45		mV/℃	-20℃～+80℃的估计值
计算温度的绝对误差		-8		℃	-20℃～+80℃的估计值，假设最适合的绝对精度：0℃的时0.763 V，2.45 mV/℃
校准后计算温度的误差	-2	0	2	℃	-20℃～+80℃的估计值，于室温一点校准后，使用2.45 mV/℃估计值。指出的一点校准的最小值/最大值是基于典型过程参数的模拟值
使能时耗电的增加值		280		μA	

表 8 - 10 描述了温度传感器的温度与输出电压的关系，观察温度系数和单位，发现温度与电压的关系是线性的：$V = 2.45T + b$，其中 V 为输出电压值，T 为温度值，2.45 为斜率。如果通过 0℃时的输出电压为 743 mV，那么 b 就等于 743，其绝对误差达到了 8℃。为了解决误差，表格里 0℃的建议是 0.763 V，b 的取值为 763，因此准确的公式为：$V = 2.45T + 763$。

转换之后的电压为 14 位二进制数字，最高位为符号位，因此后面 13 位表示转换后的数值，其中 1 1111 1111 1111 1111 对应的输出电压应为最大值（即参考电压 1.25 V），因此有下面的比例关系：

$$\frac{N}{2^{13}-1} = \frac{V}{1250} \Rightarrow T = \frac{\frac{1250}{2^{13}-1} \cdot N - 763}{2.45} = 0.06229N - 311.43$$

也可以采用 return ((value) >> 4) - 315；来代替这个计算式，其实就是 value 右移 4 位减去 315，右移 4 位就是乘以 1/16，即 0.062 5。

将光感传感器采集的光照强度模拟量通过 IO 引脚传递给 CC2530，并通过串口调试助手显示出环境的光照强度。开发板上的光感传感器原理如图 8 - 3 所示，光敏传感器连接在 P0_5 引脚上。

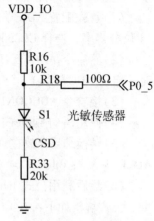

图 8 - 3　光敏传感器原理图

传感器头文件：sensor. h

```
#ifndef __SENSOR_H__
#define __SENSOR_H__
extern unsigned int readAdc(unsigned char channal);
#endif
```

串口头文件：uart. h

```
#ifndef __UART_H__
#define __UART_H__
extern void uart0_init(void);
extern void uart0_send_byte(char tmp);
extern void uart0_send_str(char * pStr);
#endif
```

传感器 C 文件：sensor. c

```
#include <ioCC2530.h>
unsigned int readAdc(unsigned char channal)
{
        unsigned int value ;
        APCFG |= 1 << channal ;
        ADCIF = 0 ;

        ADCCON3 = channal;
        while (!ADCIF) ;

        value = ADCL;
        value |= ((unsigned int) ADCH) << 8 ;
        value >> =2;
        return value;
}
```

串口 C 文件：uart. c

```
#include <ioCC2530.h>
void uart0_init(void)
{ //波特率为115 200, LSB 发送模式,1 为停止,0 为起始
  PERCFG& = ~0X1;
  P2 DIR& = ~ (0X3 <<6);
  P0 SEL | = (0X3 <<2);
  U0 CSR = (1 <<7) | (1 <<6);
  U0 GCR =11;
```

```
    U0BAUD = 216;
    UTX0IF = 1;

    URX0IF = 0;
    URX0IE = 1;
}


void uart0_send_byte(char tmp)
{
        while(UTX0IF = =0);
        UTX0IF = 0;
        U0DBUF = tmp;
}


void uart0_send_str(char * pStr)
{
    while(* pStr! =0)
    uart0_send_byte(* pStr + +);
}


#pragma vector = 0x13
__interrupt void uart0_receive_isr(void)
{
    unsigned char duty;
    uart0_send_byte(duty);
}
```

主函数 main. c

```
#include < ioCC2530. h >
#include "uart. h"
#include "sensor. h"
#include < stdio. h >
void set_clock_speed()
{
    //选择 32 MHz 的外部晶振作为系统的高速时钟源;
    CLKCONCMD& = ~ (1 << 6);
    while(CLKCONSTA& (1 << 6));
    CLKCONCMD& = ~ 0X7;
}
void delay(unsigned int count)
```

```
{
  unsigned int i,j;
  for(i =0;i < count;i + +)
      for(j =0;j <1174;j + +);
}
void main()
{
  char str[16];
  set_clock_speed();
  uart0_init();
  uart0_send_str("CC2530 adc experiment begin!\ r\ n");
  while (1)
  {
    unsigned int AvgValue = 0;
    AvgValue = readAdc(5);
    sprintf(str,"% d\ n",AvgValue);
    uart0_send_str(str);
    delay(1000);
  }
}
```

观察串口调试助手中采集的光照强度数值；分别遮挡光敏传感器或用手电筒强光照射光敏传感器，观察串口调试助手上的数值变化。

8.1.4 任务拓展

(1)修改代码，实现根据采集到的光照强度点亮或者熄灭 LED 灯，如大于 5000 时点亮 LED 灯，否则熄灭。

(2)修改代码，实现根据采集到的光照强度改变 LED 灯的亮度情况，将光照强度分为 10 个等级，LED 的亮度分为 10 个等级。当光照强度最暗时，使 LED 灯为最亮级别；当光照强度最暗时，使 LED 灯为最暗级别。注意将光敏传感器和 LED 之间进行遮挡光源。

任务20　18B20 传感器

8.2.1 任务环境

(1)硬件：CC2530 开发板 1 块，CC2530 仿真器，PC 机，18B20 传感器模块，串口线；

(2)软件：IAR-EW8051-8101。

8.2.2 任务分析

1. 单总线通信协议

任何一个微处理器都要与一定数量的部件和外围设备连接，但如果将各部件和每一种外围设备都分别用一组线路与 CPU 直接连接，那么连线将会错综复杂，甚至难以实现。为了简化硬件电路设计、简化系统结构，常用一组线路，配置适当的接口电路，与各部件和外围设备连接，这组共用的连接线路被称为总线。在 CC2530 单片机与外围设备的接口通信协议中，我们围绕单总线通信协议和 IIC 通信协议展开，其中单总线协议通过 DHT11 传感器和 18B20 传感器采集数据来讨论。

总线的一次操作过程就是完成两个模块之间的信息传送，启动操作过程的是主模块，另外一个是从模块。某一时刻总线上只能有一个主模块占用总线。总线的操作步骤如下：①主模块申请总线控制权；②总线控制器进行裁决；③主模块得到总线控制权后寻址从模块；④从模块确认后进行数据传送。

单总线（one-wire）通信协议是美国 DALLAS 公司推出的外围串行扩展总线技术，与 SPI、IIC 串行数据通信方式不同，它采用一个总线主节点、一个或多个从节点组成系统，通过一根线对从芯片进行数据的读取，单根信号线既可传输时钟（clock），又能传输数据（data），而且数据传输是双向的，其协议对时序的要求较严格。主机和从机通过 1 根信号线进行通信，在一条总线上可挂接的从器件数量几乎不受限制。单总线技术具有线路简单、硬件开销少、成本低廉、便于总线扩展和维护等优点。

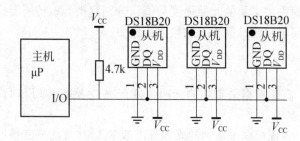

图 8-4　单总线通信结构图

由于从节点的数据传送接口一般为漏极开路或三态端口，因此单总线要求外接一个约 5kΩ 的上拉电阻；当总线闲置时，其状态为高电平。如果传输过程需要暂时挂起，且要求传输过程还能够继续，则总线必须处于空闲状态。传输之间的恢复时间没有限制，只要总线在恢复期间处于空闲状态（高电平）。如果总线保持低电平超过 480 μs，总线上的所有器件将复位。从机（从节点）在工作时需要分别接电源线和接地线，数据传送线和单片机连接，或者另一种接线方式是从机不需要额外的电压线供电，采用寄生方式供电。寄生方式供电时令从机的数据传送线通过上拉电阻接到电源引脚上，在空闲时可以通过这根数据线供电。为了保证单总线器件在某些工作状态下（如温度转换、EEPROM 写入等）具有足够的电源电流，必须在总线上提供强上拉。

主机和从机之间的通信可通过 3 个步骤完成：初始化 One-Wire 器件、识别 One-

Wire 器件和交换数据。由于它们是主从结构，只有主机呼叫从机时，从机才能应答，因此主机访问 One-Wire 器件都必须严格遵循单总线命令序列，即初始化、ROM 命令、功能命令。如果出现序列混乱，One-Wire 器件将不响应主机（搜索 ROM 命令、报警搜索命令除外）。

One-Wire 协议定义了复位脉冲、应答脉冲、写 0、读 0 和读 1 时序等几种信号类型。所有的单总线命令序列（初始化、ROM 命令、功能命令）都是由这些基本的信号类型组成的。

通常把挂在单总线上的器件称为单总线器件，单总线器件内一般都具有控制、收/发、存储等电路。每一个符合 One-Wire 协议的从芯片都有一个唯一的 64 位的二进制 ROM 代码，包括 8 位的产品类型 +48 位的序列号 +8 位的 CRC 代码。主芯片对各个从芯片的寻址依据这 64 位的不同来进行。目前，单总线器件主要有数字温度传感器（如 DS18B20）、A/D 转换器（如 DS2450）、门标、身份识别器（如 DS1990A）、单总线控制器（如 DS1WM）等。

单总线命令序列由主机发起读写命令并控制整个过程。其中读写命令分三个阶段：初始化、ROM 命令（跟随需要交换的数据）、功能命令（跟随需要交换的数据）。每次访问单总线器件，必须严格遵守这个命令序列，如果出现序列混乱，则单总线器件不会响应主机。

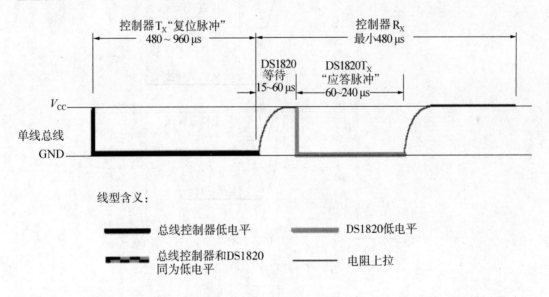

图 8-5　初始化序列时序图

初始化过程如图 8-5 所示。主机通过拉低单总线至少 480 μs，以产生发送（Tx）复位脉冲。当总线被释放后，5 kΩ 上拉电阻将单总线拉高，进入接收模式（Rx）。在单总线器件检测到上升沿后，延时 15 ~ 60 μs，接着通过拉低总线 60 ~ 240 μs，以产生应答脉冲。

```
//初始化时序,设 delay(1)=1μs
void Init_DS18B20(void)
{
    unsigned char x=0;
    DQ = 1;      //DQ 复位
    delay(5);  //稍作延时
    DQ = 0;      //单片机将 DQ 拉低
    delay(500); //精确延时 大于 480 μs
    DQ = 1;      //拉高总线
    delay(50);
    x = DQ;        //稍作延时后,如果 x=0 则初始化成功 x=1 则初始化失败
    delay(80);
}
```

读写序列时序如图 8-6 所示。

写时隙:主机向单总线器件写入数据,如单片机向 18B20 传递数据;读时隙:主机读入来自从机的数据,如单片机读取 18B20 的数据,即 18B20 向单片机传递数据。

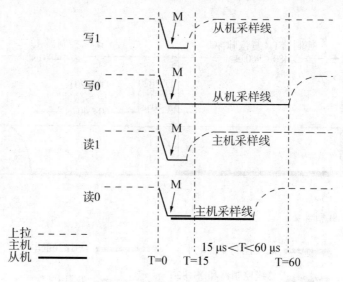

图 8-6 读写序列时序图

写时隙至少需要 60 μs,且在两次独立的写时隙之间至少需要 1μs 的恢复时间。存在以下两种写时隙:

写 1 时隙:主机在拉低总线后,接着必须在 15 μs 之内释放总线,由 5 kΩ 上拉电阻将总线拉至高电平;写 0 时隙:在主机拉低总线后,只需在整个时隙期间保持低电平即可(至少 60 μs)。

在写时隙起始后 15 ～ 60 μs 期间,单总线器件采样总线电平状态。如果在此期间采样为高电平,则逻辑 1 被写入该器件;如果为 0,则写入逻辑 0。

2. 18B20 通信协议

DS18B20 数字温度传感器接线方便，封装成后可应用于多种场合，如管道式、螺纹式、磁铁吸附式、不锈钢封装式，型号多种多样，有 LTM8877、LTM8874 等等，封装后的 DS18B20 可用于电缆沟测温、高炉水循环测温、锅炉测温、机房测温、农业大棚测温、洁净室测温、弹药库测温等各种非极限温度场合，耐磨耐碰，体积小，使用方便，封装形式多样，适用于各种狭小空间设备数字测温和控制领域。DS18B20 内部结构如图 8 - 7 所示。

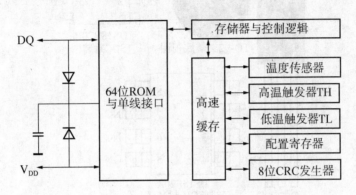

图 8 - 7 DS18B20 内部结构图

1）DS18B20 的应用电路

进行远距离测温时无需本地电源，可以在没有常规电源的条件下读取 ROM。如图 8 - 8 所示，以寄生电源方式供电，电路简洁，仅用一根 I/O 口实现测温。只适应于单一温度传感器测温情况下使用，不适于采用电池供电的系统中。

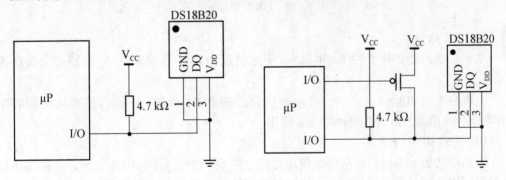

图 8 - 8 寄生电源方式供电　　　　　图 8 - 9 寄生电源强上拉供电方式供电

还可采用寄生电源强上拉供电方式供电，如图 8 - 9 所示，可以解决电流供应不足的问题，因此也适合于多点测温应用，缺点就是要多占用一根 I/O 口线进行强上拉切换。

外部电源供电方式是 DS18B20 最佳的工作方式，工作稳定可靠，抗干扰能力强，而且电路也比较简单，可以开发出稳定可靠的多点温度监控系统，如图 8 - 4 所示。

2）18B20性能特点

工作电源：3.0～5.5 V/DC，测温范围为－55～＋125℃，测量结果以9～12位数字量方式串行传送；支持多点组网功能，多个DS18B20可以并联在唯一的三线上，最多只能并联8个，实现多点测温，如果数量过多，会使供电电源电压过低，从而造成信号传输的不稳定。

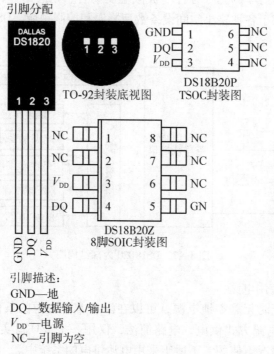

图8－10　18B20引脚分布图

3）ROM命令

从机设备可能支持5种ROM命令（实际情况与具体型号有关），每种命令长度为8位。

主机在发出功能命令之前，必须送出合适的ROM命令。下面将简要地介绍各个ROM命令的功能，以及在何种情况下使用。

（1）搜索ROM［F0h］

当系统初始上电时，主机必须找出总线上所有从机设备的ROM代码，这样主机就能够判断出从机的数目和类型。主机通过重复执行搜索ROM循环（搜索ROM命令跟随着位数据交换），以找出总线上所有的从机设备。如果总线只有一个从机设备，则可以采用读ROM命令来替代搜索ROM命令。在每次执行完搜索ROM循环后，主机必须返回至命令序列的第一步（初始化）。

（2）读ROM［33h］（仅适合于单节点）

仅适用于总线上只有一个从机设备；允许主机直接读出从机的64位ROM代码，而无须执行搜索ROM过程；如果该命令用于多节点系统，则发生数据冲突，因为每个从机设备都会响应该命令。

（3）匹配 ROM［55h］

匹配 ROM 命令跟随 64 位 ROM 代码，允许主机访问多节点系统中某个指定的从机设备。仅当从机完全匹配 64 位 ROM 代码时响应主机随后发出的功能命令；其他设备将处于等待复位脉冲状态。

（4）跳越 ROM［CCh］

主机能够采用该命令同时访问总线上的所有从机设备，而无须发出任何 ROM 代码信息；例如，主机通过在发出跳越 ROM 命令后跟随转换温度命令［44h］，就可以同时命令总线上所有的 DS18B20 开始转换温度，这样大大节省了主机的时间。

如果跳越 ROM 命令跟随的是读暂存器［BEh］的命令（包括其他读操作命令），则该命令只能应用于单节点系统，否则将由于多个节点都响应该命令而引起数据冲突。

（5）报警搜索［ECh］（仅少数 one-wire 器件支持）

只有那些报警标志置位的从机才响应该命令，其工作方式完全等同于搜索 ROM 命令。该命令允许主机设备判断哪些从机设备发生了报警（如最近的测量温度过高或过低等）。同搜索 ROM 命令一样，在完成报警搜索循环后，主机必须返回至命令序列的第一步。

在主机发出 ROM 命令后，发送功能命令；如访问某个指定的 DS18B20，接着就可以发出 DS18B20 支持的某个功能命令。这些命令允许主机写入或读出 DS18B20 暂存器、启动温度转换以及判断从机的供电方式。

表 8−11　DS18B20 功能命令集

命　令	描　述	命令代码	发送命令后，单总线上的响应信息	注 释
温度转换命令				
转换温度	启动温度转换	44h	无	1
存储器命令				
读暂存器	读全部的暂存器内容，包括 CRC 字节	BEh	DS18B20 传输多达 9 个字节至主机	2
写暂存器	写暂存器第 2、3 和 4 个字节的数据（即 TH，TL 和配置寄存器）	4Eh	主机传输 3 个字节数据至 DS18B20	3
复制暂存器	将暂存器中的 TH，TL 和配置字节复制到 EEPROM 中	48h	无	1
回读 EEPROM	将 TH，TL 和配置字节从 EEPROM 回读至暂存器中	B8h	DS18B20 传送回读状态至主机	

8.2.3　任务实施

18B20 连接 CC2530 的 P0_6 引脚，利用 CC2530 实现单总线通信协议采集 DS1B20 温湿度传感器数据，读取 DS18B20 的数据，并通过口串口在上位机显示。

```c
//头文件:HAL_Type.h
#ifndef HAL_Type_H
#define HAL_Type_H
    #define ushort unsigned short
    #define USHORT  ushort
    #define uchar unsigned char
    #define uint8 uchar
    #define INT8U uint8
    #define u8  uchar
    #define uint16 unsigned int
    #define INT16U uint16
    #define u16 uint16
    #define uint32 unsigned long
    #define INT32U uint32
    #define u32 uint32
#endif


//头文件:variable.h
#ifndef __VARIABLE_H__
#define __VARIABLE_H__
#include"ioCC2530.h"
#define uint unsigned int
#define uchar unsigned char
#define Ds18b20Data P0_6
#endif


//头文件:UART.h
#ifndef __UART_H__
#define __UART_H__
extern void UartInitial();
extern void UartSend(unsigned char infor);
extern void UartTX_Send_String(char * Data,int len);
#endif


//头文件:delay.h
#ifndef __DELAY_H__
#define __DELAY_H__
extern void Delay_ms(unsigned int k);
extern void Delay_s(unsigned int k);
extern void Delay_us(unsigned int k);
#endif
```

```c
//头文件:ds18b20.h
#ifndef __DS18B20_H__
#define __DS18B20_H__
extern unsigned char temp;
extern unsigned char Ds18b20Initial(void);
extern void Temp_test(void);
#endif

//串口 C 文件:UART.c
#include"ioCC2530.h"
#include"variable.h"
void UartInitial()
{
  PERCFG = 0x00;
  P0SEL = 0x0c;
  P2DIR &= ~0xc0;
  U0CSR |= 0x80;//设置串口
  U0GCR |= 11;
  U0BAUD |= 216;//波特率设为115200
  U0CSR |= 0x40;
  UTX0IF = 0;
}
void UartSend(uchar infor)
{
  U0DBUF = infor;
  while(UTX0IF == 0);
  UTX0IF = 0;
}
//串口发送字符串函数
void UartTX_Send_String(char * Data,int len)
{
  int j;
  for(j=0;j<len;j++)
  {
    U0DBUF = * Data++;
    while(UTX0IF == 0);
    UTX0IF = 0;
  }
}

//定时 C 文件:delay.c
```

```
/* 延时时间有 1 μs、1 ms 和 1 s.用定时器 T1,不用产生中断,采用等待的方式
系统时钟为 32M,定时器时钟为 32 MHz,模计数模式运行* /
#include"ioCC2530. h"
#include"variable. h"
#include"uart. h"
void Delay_us(unsigned int k)
{
  T1CC0L = 0x06;
  T1CC0H = 0x00;
  T1CTL = 0x02;//模计数模式 不分频
  while(k)
  {
    while(!(T1CNTL > = 0x04));
    k - -;
  }
  T1CTL = 0x00;//关闭定时器
}
void Delay_ms(unsigned int k)
{
  T1CC0L = 0xe8;
  T1CC0H = 0x03;
  T1CTL = 0x0a;//模计数模式 32 分频
  while(k)
  {
    while(!((T1CNTL > = 0xe8)&&(T1CNTH > = 0x03)));
    k - -;
  }
  T1CTL = 0x00;//关闭定时器
}
void Delay_s(unsigned int k)
{
  while(k)
  {
    Delay_ms(1000);
    k - -;
  }
}

//18B20C 文件:ds18b20. c
#include"uart. h"
#include"ioCC2530. h"
```

```
#define uint unsigned int
#define uchar unsigned char
#define Ds18b20Data P0_6 //温度传感器引脚
#define ON 0x01   //读取成功返回 0x00,失败返回 0x01
#define OFF 0x00
unsigned char temp; //储存温度信息
//时钟频率为 32 MHz
void Ds18b20Delay(uint k)
{
  uint i,j;
  for(i=0;i<k;i++)
  for(j=0;j<2;j++);
}
void Ds18b20InputInitial(void)//设置端口为输入
{
  P0DIR &= 0xbf;
}
void Ds18b20OutputInitial(void)//设置端口为输出
{
  P0DIR |= 0x40;
}
uchar Ds18b20Initial(void)
{
  uchar Status = 0x00;
  uint CONT_1 = 0;
  uchar Flag_1 = ON;
  Ds18b20OutputInitial(); // 总线设置为输出
  Ds18b20Data = 1;
  Ds18b20Delay(260);
  Ds18b20Data = 0; //拉低总线
  Ds18b20Delay(750);
  Ds18b20Data = 1; //释放总线
  Ds18b20InputInitial();// 总线设置为输入
  /* 等待 ds18b20 响应,具有防止超时功能。当 Ds18b20Data 等于 1 且 Flag_1 为 ON 时执
行 while 循环,当这两个条件有一个不满足时会跳出 while 循环:ds18b20 响应时会将
Ds18b20Data 拉低会跳出循环;当 CONT_1 从 0 自加到 8000 时也会跳出循环* /
  while((Ds18b20Data != 0)&&(Flag_1 == ON))
  {
    CONT_1++;
    Ds18b20Delay(10);
    if(CONT_1 > 8000)Flag_1 = OFF;
```

```
      Status = Ds18b20Data;
    }
    Ds18b20OutputInitial();
    Ds18b20Data = 1;
    Ds18b20Delay(100);
    return Status;
}
void Ds18b20Write(uchar infor)//写时序
{
    uint i;
    Ds18b20OutputInitial();
    for(i=0;i<8;i++)
    {
    if((infor & 0x01))//写1时序
    {
        Ds18b20Data = 0;
        Ds18b20Delay(6);
        Ds18b20Data = 1;
        Ds18b20Delay(50);
    }
    else//写0时序
    {
        Ds18b20Data = 0;
        Ds18b20Delay(50);
        Ds18b20Data = 1;
Ds18b20Delay(6);
    }
    infor >>= 1;
    }
}
uchar Ds18b20Read(void)//读时序
{
    uchar Value = 0x00;
    uint i;
    Ds18b20OutputInitial();
    Ds18b20Data = 1;
    Ds18b20Delay(10);
    for(i=0;i<8;i++)
    {
        Value >>= 1;
        Ds18b20OutputInitial();//输出
```

```
        Ds18b20Data = 0;//输出0,拉低总线
        Ds18b20Delay(3);
        Ds18b20Data = 1;//释放总线
        Ds18b20Delay(3);
        Ds18b20InputInitial();//设置总线为读取,即输入
        if(Ds18b20Data == 1) Value |= 0x80;//当读到的数据为1时
        Ds18b20Delay(15);
    }
    return Value;
}
void Temp_test(void) //温度读取函数
{
        uchar V1,V2;
        Ds18b20Initial();//18B20初始化
        Ds18b20Write(0xcc);//主机在发出跳越ROM命令后跟随转换温度命令[44h]
        Ds18b20Write(0x44);//18b20开始转化温度
        Ds18b20Initial();
        Ds18b20Write(0xcc);//跳越命令后是读暂存器[BEh]命令,只应用于单节点系统
        Ds18b20Write(0xbe);
        V1 = Ds18b20Read();
        V2 = Ds18b20Read();
        temp = ((V1 >> 4) + ((V2 & 0x07)* 16));  //取温度的整数部分和符号位
}


//主函数:
#include"ioCC2530.h"
#include"uart.h"
#include"ds18b20.h"
#include"delay.h"
void Initial() //系统初始化
{
        CLKCONCMD = 0x80;       //选择32 MHz振荡器
        while(CLKCONSTA&0x40); //等待晶振稳定
        UartInitial();          //串口初始化
        P0SEL &= 0xbf;          //DS18B20的IO口初始化
}
void main()
{
        char data[5] = "temp ="; //串口提示符
        Initial();
        while(1)
```

```
{
    Temp_test();    //温度检测初始化
    //温度信息打印
    UartTX_Send_String(data,5);
    UartSend(temp/10 +48);//将采集的温度转化为字符型
    UartSend(temp% 10 +48);
    UartSend('\ n');
    Delay_ms(1000); //延时函数使用定时器方式
}
}
```

上面代码中 V1 中存放的是 4 位温度整数和 4 位温度小数，V2 存放的是 5 位符号位（正数负数）+3 位温度整数。

从 18B20 传感器里采集出来的第 1 个字节和第 2 个字节组成为温度的数据，具体分配如表 8 – 12 所示。S 为 0 时，代表温度为正，否则为负。

表 8 – 12　DS18B20 温度数据分配表

第一个字节	第 7 位	第 6 位	第 5 位	第 4 位	第 3 位	第 2 位	第 1 位	第 0 位
	2^3	2^2	2^1	2^0	2^{-1}	2^{-2}	2^{-3}	2^{-4}
第二个字节	第 15 位	第 14 位	第 13 位	第 12 位	第 11 位	第 10 位	第 9 位	第 8 位
	S	S	S	S	S	2^6	2^5	2^4

（1）将上述代码编译，下载，根据代码设置波特率，观察串口调试助手中显示的温度。尝试用手指捏住 DS18B20 1 分钟，让传感器的温度升到接近人体温度，再观察串口调试助手中显示的温度。

（2）尝试小幅度的修改初始化时序的时间参数，观察能否正常采集数据；分别尝试小幅度的修改读时序或写时序的时间参数，观察能否正常采集数据。

任务 21　DHT11 传感器

8.3.1　任务环境

（1）硬件：CC2530 开发板 1 块，CC2530 仿真器，PC 机，DHT11 传感器模块，串口线；

（2）软件：IAR-EW8051-8101。

8.3.2　任务分析

DHT11 是一款含有已校准数字信号输出的温湿度传感器（图 8 – 11）。其精度湿度

±5%RH，温度±2℃，量程湿度20%~90%RH，温度0~50℃。DHT11应用专用的数字模块采集技术和温湿度传感技术，具有极高的可靠性和卓越的长期稳定性。传感器包括一个电阻式感湿元件和一个NTC测温元件，并与一个高性能8位单片机相连接，具有快响应、抗干扰能力强、性价比高等优点。每个DHT11传感器都在极为精确的湿度校验室中进行校准，校准系数以程序的形式存在OTP内存中，传感器内部在检测型号的处理过程中要调用这些校准系数。DHT11采用单线制串行接口，体积超小，功耗极低，4针单排引脚封装，连接方便，信号传输距离可达20 m以上，这些优点使其成为在苛刻应用场合中该类应用的最佳选择。

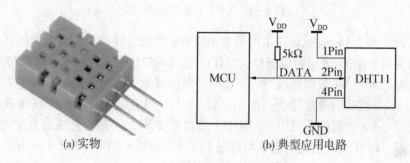

(a) 实物　　　　　　　　(b) 典型应用电路

图8-11　DHT11实物及应用电路图

主机CC2530发送一次开始信号后，DHT11从低功耗模式转换到高速模式，等待主机开始信号结束后，DHT11发送响应信号，送出40 bit数据，并触发一次信号采集，用户可选择读取其中的部分数据。从模式下，DHT11每次接收到开始信号后不会触发一次温湿度采集。如果没有接收到主机发送开始信号，DHT11不会主动进行温湿度采集。DHT11采集数据后自动转换到低速模式。一次完整的数据传输为40 bit，低位后出。

数据格式：8 bit湿度整数数据 +8 bit湿度小数数据 +8 bit温度整数数据 +8 bit温度小数数据 +8 bit校验和。

从图8-12所示的DHT11初始化时序可知，总线空闲状态为高电平，主机（CC2530）把总线拉低等待从机（DHT11）响应，主机把总线拉低必须大于18 ms，保证DHT11能检测到起始信号。主机拉低总线（DHT11接收到主机的开始信号）后必须将总线释放20~40 μs，以便DHT11可以通过拉低总线来确认。当主机释放总线后，切换到输入模式，等待接收DHT11拉低总线的信号，DHT11通过发送80 μs低电平响应信号。当DHT11拉低总线确认信息后，DHT11释放总线，总线由上拉电阻拉高。DHT11拉低总线和释放总线的时间都为80 μs，然后开始采集并传递温湿度信息。

在主机（CC530）拉低或者释放总线期间，主机为输出状态，从机为输入状态；在从机（DHT11）拉低或者释放总线期间，从机为输出状态，主机为输入状态。由于都是从CC2530的角度出发来编程，所有都是以主机的角度来编写代码。

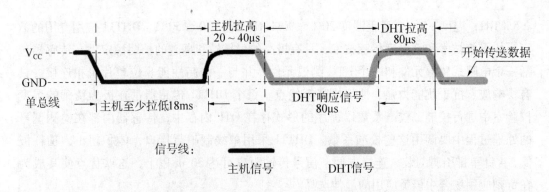

图 8 - 12　DHT11 初始化时序图

当主机发送了 18 ms 通信请求的低电平信号后释放总线，如果主机检测到总线为低电平，则说明 DHT11 发送响应信号，DHT11 发送响应信号后，再把总线拉高 80 μs，准备发送数据，每一 bit 数据都以 50 μs 低电平时隙开始，高电平的长短决定了数据位是 0 还是 1。如果读取响应信号为高电平，则 DHT11 没有响应，请检查线路是否连接正常。当最后一 bit 数据传送完毕后，DHT11 拉低总线 50 μs，随后总线由上拉电阻拉高进入空闲状态。DHT11 发送的数据 0 和数据 1 时序图如图 8 - 13 和图 8 - 14 所示。

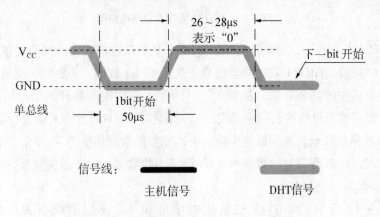

图 8 - 13　DHT11 发送数据"0"的时序图

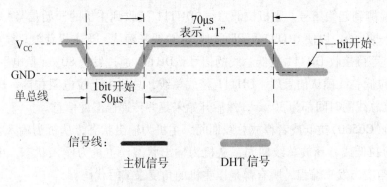

图 8 - 14　DHT11 发送数据"1"的时序图

8.3.3　任务实施

在本任务中，DHT11 与 CC2530 的原理图如图 8 – 15 所示，其中 DHT11 将采集的温度湿度的数据通过 P0_4 传递给单片机。

利用 CC2530 实现单总线通信协议采集 DHT11 温湿度传感器数据，读取 DHT11 的数据，并通过口串口在上位机显示，代码分析如下。

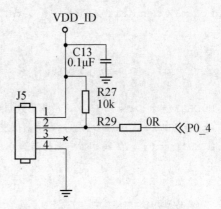

图 8 – 15　DHT11 温湿度传感器原理图

```c
#include "ioCC2530.h"
#include < stdio.h >
#define uchar unsigned char
#define uint unsigned int
#define  DHT11_DATA  P0_4
/* * * * * * * * * * * * 全局变量的定义* * * * * * * * * * * */
uchar  Overtime_counter;  /* 判断等待是否超时的计数器.利用 uchar 型的数值范
围进行自动延时控制(时长由初值决定),并判断是否超时* /
uchar  bit_value; //从 DATA 总线上读到的位值
uchar  T_data_H,T_data_L,RH_data_H,RH_data_L,checkdata;/* 校验过的温
度高8位,温度低8位,湿度高8位,湿度低8位,校验和8位* /
uchar  T_data_H_temp,T_data_L_temp,RH_data_H_temp,RH_data_L_temp,
checkdata_temp;//未经校验的数据
uchar  comdata; //从 DHT11 读取的一个字节的数据
void Delay(uint);
void InitialAD(void);
char  str[16];
/* 初始化串口* /
void initUARTSEND(void)
{
  PERCFG = 0x00; // 设置外设控制为 P0
  P0SEL = 0x2c;// 选择 P0_2,P0_3,P0_4,P0_5 作为串口
  P2DIR &= ~0XC0;  //P0 优先作为 UART0
  U0CSR |= 0x80; //UART 方式
  U0GCR |= 9;
  U0BAUD |= 59;//波特率设为19200
  UTX0IF = 0;  //UART0 TX 中断标志初始置位0
}

/*. 串口发送数据: Data - 数据指针;len - 数据长度 */
```

```
void UartTX_Send_String(char * Data,int len)
{
  int j;
  for (j = 0; j < len; j++)
  {
    U0DBUF = * Data++;   // 填充数据到串口数据寄存器
    while (UTX0IF == 0); // 等待串口发送完毕
    UTX0IF = 0;   // 将串口中断标志置0,准备下一次的发送
  }
}
void Delay(unsigned int n)
{
  unsigned int i;
  for(i = 0; i < n; i++);
      for(i = 0; i < n; i++)
          for(i = 0; i < n; i++);
      for(i = 0; i < n; i++)
          for(i = 0; i < n; i++);
}
void Delay_10μs(unsigned char n)
{
  for( ; n > 0; n--);
}
/* 从 DHT11 读取一个字节函数* /
void  Read_Byte(void)
{
    uchar i;
    for (i = 0; i < 8; i++)//循环8次,读取8 bit 的数据
    {
    Overtime_counter =100; //读取并等待 DHT11 发出的12~14 μs 低电平信号
    P0DIR & = ~0x10;//P0_4 设置为输入,读取 DHT11 的数据
    while ((!DHT11_DATA) && Overtime_counter++);
    Delay_10μs(80);/26~28 μs 的低电平判断门限
    bit_value = 0;   //跳过门限后判断总线是高还是低,高为1,低为0
    if(DHT11_DATA)
    bit_value = 1;
    Overtime_counter =100;/* 等待1 bit 的电平信号结束,不管是0 是1 在118 μs 后
都变为低电平,否则错误超时* /
        while (DHT11_DATA&& Overtime_counter++);  /* 当 DHT11_DATA 和
Overtime_counter++都为1时,执行 while(1);循环,当 DHT11_DATA 被拉低或 Overtime
_counter 加到255 后溢出为0,跳出循环,之后 Overtime_counter 自加为1* /
```

```
        if (Overtime_counter = = 1)
          break; //超时则跳出 for 循环
        comdata << = 1; //左移 1 位, LSB 补 0
        comdata | = bit_value; //LSB 赋值
    }
}
/* DHT11 读取五个字节函数* /
void Read_DHT11 (void)
{
    uchar checksum;
    P0DIR | = 0x10;//P0_4 设置为输出,控制总线
    DHT11_DATA = 0; //主机拉低 18 ms
    Delay(8900);
    DHT11_DATA = 1;//总线由上拉电阻拉高 主机延时 20 ~ 40 μs
    Delay_10μs(150);
    DHT11_DATA = 1; /* 主机转为输入或者输出高电平, DATA 线由上拉电阻拉高, 准备
判断 DHT11 的响应信号* /
    P0DIR & = ~0x10;//P0_4 设置为输入,读取 DHT11 的数据
    if (!DHT11_DATA)/* 判断从机是否有低电平响应信号 如不响应则跳出, 响应则向下
运行* /
    {
    Overtime_counter = 100; /* 判断 DHT11 发出的 80μs 的低电平响应信号是否
结束* /
    while ((!DHT11_DATA)&&Overtime_counter + +);
    Overtime_counter =100;/* 判断 DHT11 是否发出 80 μs 的高电平,如发出则进
入数据接收状态* /
    while ((DHT11_DATA)&&Overtime_counter + +);
    Read_Byte(); //读取湿度值整数部分的高 8 bit
    RH_data_H_temp = comdata;
    Read_Byte(); //读取湿度值小数部分的低 8 bit
    RH_data_L_temp = comdata;
    Read_Byte();//读取温度值整数部分的高 8 bit
    T_data_H_temp = comdata;
    Read_Byte();//读取温度值小数部分的低 8 bit
    T_data_L_temp = comdata;
    Read_Byte();//读取校验和的 8 bit
    checkdata_temp = comdata;
    P0DIR | = 0x10;
    DHT11_DATA = 1; //读完数据将总线拉高
    checksum = (T_data_H_temp + T_data_L_temp + RH_data_H_temp + RH_
data_L_temp);//进行数据校验
```

```
        if (checksum = = checkdata_temp)
          {
            RH_data_H = RH_data_H_temp;
            RH_data_L = RH_data_L_temp;
            T_data_H  = T_data_H_temp;
            T_data_L  = T_data_L_temp;
            checkdata = checkdata_temp;
          }
      }
}
/* 主函数:入口参数:无 ;返 回 值:无   * /
void main (void)
{
    CLKCONCMD & = ~0x40;        //晶振
    while (CLKCONSTA & 0x40);  //等待晶振稳定
    CLKCONCMD & = ~0x47;        //TICHSPD128 分频,CLKSPD 不分频
    SLEEPCMD | = 0x04;          //关闭不用的 RC 振荡器
    P1DIR | = 0x01;
    initUARTSEND ();
    Delay (50000);
    while (1)
  {
    Read_DHT11();//调用温湿度读取子程序
    Delay (60000);//循环采样的延时
    sprintf(str, "% dC,% dH\ n", T_data_H, RH_data_H);
    UartTX_Send_String (str,16);
    P1_0 ^ = 1;
  }
}
```

(1)将上述代码编译,下载,根据代码设置波特率,观察串口调试助手中显示的温度和湿度。尝试对着 DHT11 吹热气,让传感器的温度和湿度发生变化,再观察串口调试助手中显示的温湿度。

(2)尝试小幅度地修改初始化时序的时间参数,观察能否正常采集数据;尝试小幅度地修改读时序的时间参数,观察能否正常采集数据。

任务 22　三轴加速度传感器

8.4.1　任务环境

(1)硬件:CC2530 开发板 1 块,CC2530 仿真器,PC 机,三轴加速度传感器模块,

串口线；

（2）软件：IAR-EW8051-8101。

8.4.2 任务分析

1. IIC 总线

IIC 总线是 Phlips 公司推出的一种串行总线，是一种包括总线裁决和高低速器件同步功能的高性能串行总线。IIC 总线只有两根双向信号线。一根是数据线 SDA，另一根是时钟线 SCL。通过 IIC 通信可以使单片机与单片机之间进行通信，也可以使单片机与其他的 IIC 设备进行通信。（见图 8 - 16）

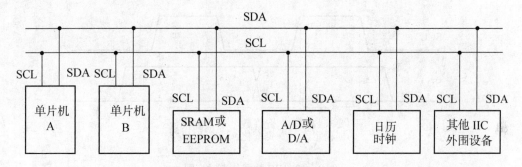

图 8 - 16　IIC 通信设备连接图

由于 IIC 设备一般采用漏极开路或三态端，需要各外接一个 $3 \sim 10$ kΩ 的上拉电阻；闲置时为高电平。各器件的 SDA 及 SCL 都是线"与"关系，即不同器件的 SDA 与 SDA 之间、SCL 与 SCL 之间是直接相连，不需要额外的转换电路。连到总线上的任一器件输出的低电平，都将使总线的信号变低。电气兼容性好，上拉电阻接 5 V 电源就能与 5 V 逻辑器件接口，上拉电阻接 3 V 电源又能与 3 V 逻辑器件接口。图 8 - 17 为 IIC 设备连线图。

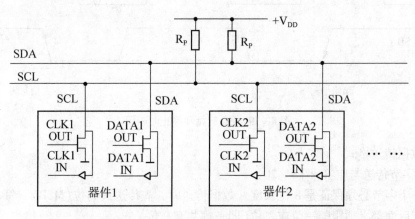

图 8 - 17　IIC 设备连线图

每个接到 IIC 总线上的器件都有唯一的地址。在多主机(多个单片机)系统中,可能同时有几个主机企图启动总线传送数据。为了避免混乱,IIC 总线要通过总线仲裁,以决定由哪一台主机控制总线。在单片机应用系统的串行总线扩展中,我们经常遇到的是以单片机为主机,其他接口器件为从机的单主机情况。

2. IIC 总线的数据传送

1)数据位的有效性规定

IIC 总线进行数据传送时,时钟信号为高电平期间,数据线上的数据必须保持稳定,只有在时钟线上的信号为低电平期间,数据线上的高电平或低电平状态才允许变化(图 8-18)。

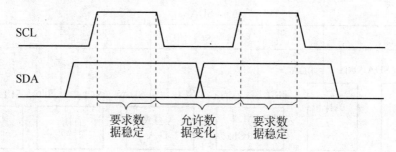

图 8-18　IIC 数据传送时序图

2)起始和终止信号

SCL 线为高电平期间:SDA 线由高电平向低电平的变化表示起始信号;SDA 线由低电平向高电平的变化表示终止信号。起始和终止信号都是由主机发出的,在起始信号产生后,总线就处于被占用的状态;在终止信号产生后,总线就处于空闲状态(图8-19)。

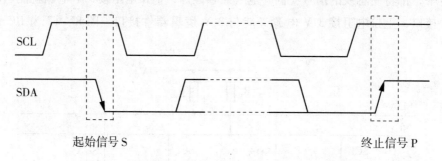

图 8-19　IIC 起始和终止时序图

3)数据传送格式

(1)字节传送与应答(图 8-20)

每一个字节必须保证是 8 位长度。数据传送时,先传送最高位(MSB),每一个被传送的字节后面都必须跟随一位应答位(即一帧共有 9 位)。

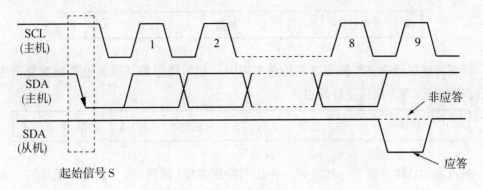

图 8 - 20 IIC 字节传送与应答时序图

（2）应答情况

①当从机不对主机寻址信号应答时（如从机正在进行实时性的处理工作而无法接收总线上的数据），它必须将数据线置于高电平，而由主机产生一个终止信号以结束总线的数据传送。

②当从机在数据传送一段时间后无法继续接收更多的数据时，从机可以通过对无法接收的第一个数据字节的"非应答"通知主机，主机则应发出终止信号以结束数据的继续传送。

③当主机接收数据时，它收到最后一个数据字节后，必须向从机发出一个结束传送的信号。

（3）数据帧格式

IIC 总线上传送的数据既包括地址信号，又包括真正的数据信号。在起始信号后必须传送一个从机的地址（7 位），D7 ～ D1 位组成从机的地址，D0 位是数据的传送方向位（R/$\overline{\text{W}}$），用"0"表示主机向从机写数据（$\overline{\text{W}}$），"1"表示主机由从机读数据，主机接收数据（R）。每次数据传送总是由主机产生的终止信号结束。

位	7	6	5	4	3	2	1	0
	从机地址							R/$\overline{\text{W}}$

在总线的一次数据传送过程中，可以有以下几种组合方式：

①主机向从机发送数据，数据传送方向在整个传送过程中不变。

S	从机地址	0	A	数据	A	数据	A/$\overline{\text{A}}$	P

注：$\overline{\text{A}}$ 表示应答，A 表示非应答（高电平）。有阴影部分表示数据由主机向从机传送，无阴影部分则表示数据由从机向主机传送。

②主机在第一个字节后，立即由从机读数据。

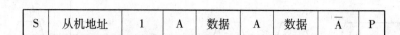

S	从机地址	1	A	数据	A	数据	$\overline{A}$	P

③在传送过程中，当需要改变传送方向时，起始信号和从机地址都被重复产生一次，但两次读/写方向位正好反相。

S	从机地址	0	A	数据	A/$\overline{A}$	S	从机地址	1	A	数据	$\overline{A}$	P

主机起动总线，发送一地址帧，并指明操作类型（读或写），相应从机应答，发送数据，每一帧的应答，数据传送完毕后，主机发送停止总线信号。

4）串行 EEPROM 典型产品的数据格式

（1）串行 EEPROM 典型产品。

ATMEL 公司的 AT24C 系列：AT24C01，128 字节（128×8 位）；AT24C02，256 字节（256×8 位）；AT24C04，512 字节（512×8 位）；AT24C08，1K 字节（1K×8 位）；AT24C16，2K 字节（2K×8 位）。

（2）写入过程。

AT24C 系列 EEPROM 芯片地址的固定部分为 1010，A2、A1、A0 引脚接高、低电平后得到确定的 3 位编码，形成的 7 位编码即为该器件的地址码。

单片机进行写操作时，首先发送该器件的 7 位地址码和写方向位"0"（共 8 位，即一个字节），发送完后释放 SDA 线并在 SCL 线上产生第 9 个时钟信号。被选中的存储器器件在确认是自己的地址后，在 SDA 线上产生一个应答信号作为相应，单片机收到应答后就可以传送数据了。传送数据时，单片机首先发送一个字节的被写入器件的存储区的首地址，收到存储器器件的应答后，单片机就逐个发送各数据字节，但每发送一个字节后都要等待应答。

AT24C 系列器件片内地址在接收到每一个数据字节地址后自动加 1，在芯片的"一次装载字节数"限度内，只需输入首地址。装载字节数超过芯片的"一次装载字节数"时，数据地址将"上卷"，前面的数据将被覆盖。

当要写入的数据传送完后，单片机应发出终止信号以结束写入操作。写入 n 个字节的数据格式：

S	器件地址 +0	A	写入首地址	A	Data 1	A	…	Data n	A	P

（3）读出过程。

单片机先发送该器件的 7 位地址码和写方向位"0"，再释放 SDA 线并在 SCL 线上产生第 9 个时钟信号。被选中的存储器器件在确认是自己的地址后，在 SDA 线上产生一个应答信号，然后再发一个字节的要读出器件的存储区的首地址，收到应答后，单片机要重复一次起始信号并发出器件地址和读方向位（"1"），收到器件应答后就可以读出数据字节，每读出一个字节，单片机都要回复应答信号。当最后一个字节数据读完后，单片机应返回以"非应答"（高电平），并发出终止信号以结束读出操作。

S	器件地址 +0	A	读出首地址	A	器件地址 +1	A	Data 1	A	···	Data n	$\overline{A}$	P

5）总线的寻址

IIC 总线协议规定：采用 7 位的寻址字节（寻址字节是起始信号后的第一个字节）。

（1）寻址字节的位定义

主机发送地址时，总线上的每个从机都将这 7 位地址码与自己的地址比较，若相同，则认为自己正被主机寻址，根据 R/W 位将自己确定为发送器或接收器。

从机的地址由固定部分和可编程部分组成。如一个从机的 7 位寻址位有 4 位是固定位，3 位是可编程位，这时仅能寻址 8 个同样的器件，即可以有 8 个同样的器件接入到该 IIC 总线系统中。如 AT24C 系列 EEPROM 芯片地址的固定部分为 1010。

（2）寻址字节中的特殊地址（见表 8 – 13）

固定地址编号 0000 和 1111 已被保留作为特殊用途。

表 8 – 13　IIC 总线特殊地址表

地址位		R/$\overline{W}$	意　义
0000	000	0	通用呼叫地址
0000	000	1	起始地址
0000	001	X	CBUS 地址
0000	010	X	为不同总线的保留地址
0000	011	×	
0000	1 × ×	×	保　留
1111	1 × ×	×	
1111	0 × ×	×	十位从机地址

3. IIC 串行总线器件的接口

1）总线数据传送的模拟

主机可以采用不带 IIC 总线接口的单片机，如 80C51、AT89C2051 等单片机，利用软件实现 IIC 总线的数据传送，即软件与硬件结合的信号模拟。

（1）典型信号模拟

为了保证数据传送的可靠性，标准的 IIC 总线的数据传送有严格的时序要求。IIC 总线的起始信号、终止信号、发送"0"及发送"1"的模拟时序如图 8 – 21 所示。

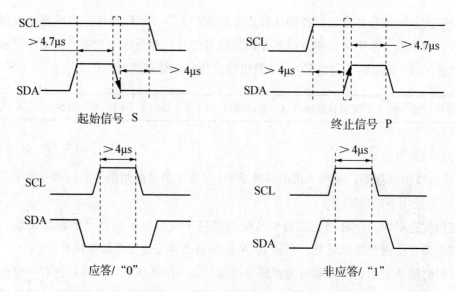

图 8-21 IIC 部分时序图

(2)典型信号模拟代码

//起始信号

```
Void IICStart(void)
{ SomeNop( );
  SCL = 1;
  SDA = 1;
  SomeNop( );
  SDA = 0;
  SomeNop( );
  SCL = 0;
  SomeNop( );
}
```

//终止信号

```
void IIcStop(void)
{
  SomeNop( );
  SCL = 1;
  SDA = 0;
  SomeNop( );
  SDA = 1;
  SomeNop( );
  SCL = 0;
}
```

8.4.3 任务实施

MMA7455L 是一款三轴的加速度传感器，能检测物体的运动和方向，根据物体的运动和方向来改变输出信号的电压值。各个轴在不运动或者失重的状态下（$0\,g$），其输出为 1.65 V。如果沿着某个方向运动，或者受到重力作用，输出电压就会根据设定的灵敏度相应地改变，然后通过 IIC 或者 SPI 的方式读取代表物体运动和方向的数值。$0\,g$ 偏置和灵敏度是出厂配置，无须外部器件。用户可使用指定的 $0\,g$ 寄存器和 g-Select 量程选择对 $0\,g$ 偏置进行校准，量程可通过命令选择 3 个加速度范围（$2\,g$、$4\,g$、$8\,g$），$1\,g = 9.807\ \mathrm{m/s^2}$，MMA7455L 使加速度与输出电压成正比。当测量完毕后，在 INT1/INT2 输出高电平，用户可以通过 IIC 和 SPI 接口读取 MMA7455L 内部的寄存器的值，判断运动的方向。MMA7455 引脚如图 8 – 22 所示，引脚定义如表 8 – 14 所示。

图 8 – 22 MMA7455 实物图及引脚图

表 8 – 14 MMA7455 引脚定义

序 号	名 称	描 述	状 态
1	DVDD_IO	3.3 V 电源输入（数字）	输入
2	GND	地端	输入
3	N/C	空引脚，悬空或接地	输入
4	IADDR0	IIC 地址 0 位	输入
5	GND	地端	输入
6	AVDD	3.3 V 电源输入（模拟）	输入
7	CS	片选，SPI 使能（0），IIC 使能（1）	输入
8	INT1/DRDY	中断 1/数字就绪	输出
9	INT2	中断 2	输出
10	N/C	空引脚，悬空或接地	输入
11	N/C	空引脚，悬空或接地	输入
12	SDO	SPI 串行数据输出	输出
13	SDA/SDI/SDO	IIC 串行数据线输出/SPI 串行数据输入/3-wire 接口串行数据输出	双向/输入/输出
14	SCL/SPC	IIC 时钟信号输出/SPI 时钟信号	输入

1. 三轴加速度原理图

CC2530 与三轴加速度传感器的原理图如图 8 – 23 所示，P2 _ 0—INT：中断 1/ DRDY，DRDY 为 1 时数据就绪，采集完成；P1_4 为 SCL，IIC 时钟信号输出；P1_7 为 SDI，IIC 串行数据线输出。

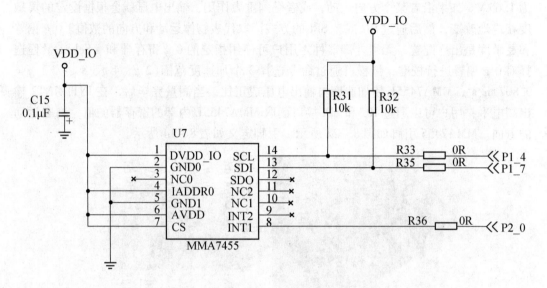

图 8 – 23　三轴加速度传感器 MMA7455 原理图

2. 代码

利用 CC2530 实现 IIC 总线通信协议采集三轴传感器 MMA7455 数据，读取 MMA7455 的数据，并通过口串口在上位机显示。

```c
#include <ioCC2530.h>
#include <stdio.h>
#include <string.h>
#define uchar unsigned char
#define uint  unsigned int
#define IIC_READ  0x1D       //定义读指令
#define IIC_WRITE 0x1D       //定义写指令
#define SDA P1_7             //IIC 数据传送位
#define SCL P1_4             //IIC 时钟传送位
#define MMA7455ADDR 0x1D
#define iic_delay() Delay_1u(8)
void MMA7455Init();

void Delay_1u(uint microSecs)
{
  while(microSecs - -)
```

```
    {
        /*  32 NOPs = = 1 usecs* /
        asm("nop"); asm("nop"); asm("nop"); asm("nop"); asm("nop");
        asm("nop"); asm("nop"); asm("nop"); asm("nop"); asm("nop");
        asm("nop"); asm("nop"); asm("nop"); asm("nop"); asm("nop");
        asm("nop"); asm("nop"); asm("nop"); asm("nop"); asm("nop");
        asm("nop"); asm("nop"); asm("nop"); asm("nop"); asm("nop");
        asm("nop"); asm("nop"); asm("nop"); asm("nop"); asm("nop");
        asm("nop"); asm("nop");
    }
}
/* * * * * * * * * * * * * * * * * * * * * * * * * * * * * * * *
*     初始化串口
* * * * * * * * * * * * * * * * * * * * * * * * * * * * * * * * * /
void initUARTSEND(void)
{
    CLKCONCMD & = ~0x40;        //设置系统时钟源为 32 MHz 晶振
    while(CLKCONSTA & 0x40);    //等待晶振稳定
    CLKCONCMD & = ~0x47;        //设置系统主时钟频率为 32 MHz

    PERCFG = 0x00;              // 设置外设控制为 P0
    P0SEL = 0x3c;               // 选择 P0_2,P0_3,P0_4,P0_5 作为串口
    P2DIR & = ~0XC0;            //P0 优先作为 UART0

    U0CSR | = 0x80;             //UART 方式
    U0GCR | = 9;
    U0BAUD | = 59;              //波特率设为 19 200
    UTX0IF = 0;                 //UART0 TX 中断标志初始置位 0
}


/* * * * * * * * * * * * * * * * * * * * * * * * * * * * * * *
*     串口发送数据
*     Data － 数据指针
*   len － 数据长度
* * * * * * * * * * * * * * * * * * * * * * * * * * * * * * * * /
void UartTX_Send_String(char * Data, int len)
{
    int j;
    for(j = 0; j < len; j + +)
    {
        U0DBUF = * Data + +;    // 填充数据到串口数据寄存器
```

```
        while (UTX0IF == 0); // 等待串口发送完毕
        UTX0IF = 0;              // 将串口中断标志置0,准备下一次的发送
    }
}


uchar ack_sign = 0;
/* IIC 通信部分 */
void iic_start()    //函数功能: IIC 通信开始
{
    SDA = 1;
    iic_delay();
    SCL = 1;
    iic_delay();
    SDA = 0;
    iic_delay();
}
void iic_stop()     //函数功能: IIC 通信停止
{
    SDA = 0;
    iic_delay();
    SCL = 1;
    iic_delay();
    SDA = 1;
    iic_delay();
}
void iic_ack()      //函数功能: IIC 通信查应答位
{
    SDA = 1;
    SCL = 1;
    iic_delay();
    ack_sign = SDA;
    SCL = 0;
}
void iic_write_byte(uchar wdata)//函数功能: 向 IIC 从机写入一个字节
{
    uchar i,temp,temp1;

    temp1 = wdata;

    for (i = 0; i < 8; i++)
    {
```

```
        SCL = 0;
        iic_delay();
        temp = temp1;
        temp = temp&0x80;
        SDA = (temp == 0x80?1:0);
        iic_delay();
        SCL = 1;
        iic_delay();
        SCL = 0;
        iic_delay();
        temp1 <<= 1;
    }
}
uchar iic_read_byte(void)      //函数功能:从IIC从机中读出一个字节
{
    uchar x;
    uchar data;
    for (x = 0; x < 8; x++)
{
        data <<= 1;
        SDA = 1;
        iic_delay();
        SCL = 0;
        iic_delay();
        SCL = 1;
        iic_delay();
        P1DIR &= ~0x80;
        if(SDA == 1)  data |= 0x01;
        P1DIR |= 0x80;
    }
    return data;
}
void iic_write(uchar byte_add,uchar wdata)//按地址写入一字节数据
{
    uchar t;
  t = MMA7455ADDR<<1;//(0X1D 0001 1101 ,001 1101 +0,最低位0表示写)
  iic_start();   //起始信号
  iic_write_byte(t); //(表示要给一个0X1D的器件写)
  iic_ack();
  iic_write_byte(byte_add);//先送需要写入的内部寄存器地址
  iic_ack();
```

```
    iic_write_byte(wdata);//再将数据送入内部寄存器地址中
    iic_ack();
    iic_stop();
}
uchar iic_read(uchar byte_add) //按地址读出一字节数据
{
    uchar t;
    uchar x;
    t = (MMA7455ADDR <<1);//0X1D 00011101 ,001 1101 +0,最低位0 表示写
    iic_start();
    iic_write_byte(t);//表示要给一个0X1D 的器件写
    iic_ack();
    iic_write_byte(byte_add);//先送需要读出的内部寄存器地址
    iic_ack();
    t = (MMA7455ADDR <<1)|0x01;//0X1D 00011101,0011101 +1,最低位1 表示读
    iic_start();
    iic_write_byte(t); //表示要从一个0X1D 的器件读出
    iic_ack();
    x = iic_read_byte();
    iic_ack();
    iic_stop();
    return x;
}


#define SIGNED_COMPLEMENT(result,source)          \
{                                                 \
  if(source&0x80)                                 \
  { /* 符号位为1* /                               \
    result = 0;                                   \
    result = (uchar)~(source);                    \
    result = result & 0x7F; /* 此时符号位为0* /    \
    result |= (uchar)(source&0x80); /* 取符号位* /  \
    result ++;          /* 带符号位加1* /          \
  }                                               \
  else                                            \
    /* 符号位为0,正数,其补码为本身* /              \
    {result = source;}                            \
}
void MMA7455Init()
{
  iic_write(0x17, 0x03);//清除 INT1、INT2 的标志位
```

```
    iic_write(0x17, 0x00);
    iic_write(0x18, 0x80);//0X80 - -250  Hz; 0X00 - -125Hz , 0XC0 - - +/-
    iic_write(0x1A, 0x00);//设置0x1A寄存器  iic_write(0x19, 0x00);
    /*  MMA7455是利用变化的电容来检测加速度的,所以有个初始值的误差,需要校正,最终测量
的xyz值需要加上下面校正的值,用二进制补码格式存储* /
    iic_write(0x10, (uchar)3* 2);  // x轴零点漂移值低位,
    iic_write(0x11, 0x00);   // x轴零点漂移值高位
    iic_write(0x12, (uchar)13* 2);   // y轴零点漂移值低位
    iic_write(0x13, 0x00);    // y轴零点漂移值高位

    iic_write(0x14, (uchar)(-22* 2));  // z轴零点漂移值低位
    iic_write(0x15, 0x07);  // z轴零点漂移值高位
    iic_write(0x1D, 0x00);//设置0x1d寄存器:延迟时间值
    iic_write(0x1E, 0x00);//设置0x1e寄存器:Time window for 2nd pulse value
}
void main ()
{
    initUARTSEND();
    UartTX_Send_String("Test\ n", 6);
    uchar xl, yl, zl;
    uchar i, debug[0x1E];
    char buf[32];
    //初始化
    P1SEL &= ~(1<<4); // P1_4 is GPIO
    P1SEL &= ~(1<<7); // P1_7 is GPIO
    P2SEL&= ~(1<<0); // P2_0 is GPIO
    P1DIR |= 1<<4; //output
    P1DIR |= 1<<7; //output
    P2DIR |= 0x01; //P2_0:DRDY,数据就绪标志位
    Delay_1u(100);
    MMA7455Init();
    while(1)
    {
        iic_write(0x17,0x03);//清除INT1、INT2的标志位
        iic_write(0x16,0x05); //配置工作方式,2g量程,测量模式
        Delay_1u(100);
        P2DIR &= ~0x01; //P2_0输入
        P2_0 = 1;
        while(!P2_0); //等待数据就绪
        for(i = 0; i < 0x9; i++)
            debug[i] = iic_read(i);
        debug[0x15] = iic_read(0x15);
        debug[0x16] = iic_read(0x16);
```

```
    if(debug);   //防止 debug 被优化掉
    //debug
    x1 = iic_read(0x00);   //8bit
    y1 = iic_read(0x02);   //8bit
    z1 = iic_read(0x04);   //8bit
    int x, y, z;
    x = x1 & 0x80 ? x1 - 256 : x1;
    y = y1 & 0x80 ? y1 - 256 : y1;
    z = z1 & 0x80 ? z1 - 256 : z1;
    sprintf(buf, "% d, % d, % d\ n", x, y, z);
    UartTX_Send_String(buf, strlen(buf));
    Delay_1u(60000);
  }
}
```

当移动三轴加速度传感器时，三个方向的数据会发生变化，通过串口调试助手可以查看。

课后阅读

光敏传感器将光线的强弱转换成电压的高低，电压值经 ADC 转换以后成为数值，该数值通过串口发送给 PC，可以通过串口调试软件读取该数值。在上述任务之中使用的光敏传感器为光敏电阻，精确度不高，可以考虑使用 BH1750 数字光照传感器。

当 CC2530 单片机读取传感器数据时，如果出现读取不到数据的情况，可以考虑是否是延时函数有差别；如果读取到的数据杂乱，可以考虑在数据处理时数据类型是否一致，如果不一致，注意转换成一致的。

项目总结

（1）ADC 模数转换的转换精度与转换结果。
（2）18B20 进行单总线通信时的初始化通信协议和读/写时序。
（3）DHT11 进行单总线通信的初始化通信协议和读/写时序。
（4）三轴加速度传感器进行 IIC 通信的初始化通信协议和读/写时序。

习题

1. 搜集 18B20 中文数据手册查看数据格式、初始化时序、读写时序。
2. 搜集 DHT11 中文数据手册查看数据格式、初始化时序、读写时序。
3. 请画出 IIC 的通信的起始信号、终止信号。
4. 若器件 7 位地址为 1111000，读取地址为 01H，请画出完整的读取一个字节的时序图；若器件 7 位地址为 1111000，存储地址为 18H，请画出存储数据为 01H 的时序图。

项目九　近距离通信

本项目主要内容是 CC2530 近距离通信的控制与编程，包含 2 个任务。

任务 1 通过红外发送/接收对管进行通信，主要涉及引导码、客户码、操作码的编程；

任务 2 通过两块 CC2530 单片机配置相关寄存器来进行点对点通信，传递字符或者字符串。

知识目标
　　（1）理解红外通信的工作原理；
　　（2）掌握 CC2530 进行红外通信的编程步骤；
　　（3）理解 CC2530 单片机进行无线通信的相关寄存器配置。
技能目标
　　（1）会使用红外通信进行传递数据；
　　（2）使用 CC2530 单片机进行点对点通信传递字符或者字符串；
　　（3）会抓取点对点通信的数据包。
情感目标
　　（1）培养积极主动的创新精神；
　　（2）锻炼发散思维能力；
　　（3）养成严谨细致的工作态度；
　　（4）培养观察能力、实验能力、思维能力、自学能力。

任务 23　红外通信

9.1.1　任务环境

　　（1）硬件：CC2530 开发板 2 块，CC2530 仿真器，PC 机，串口线，红外发送接收对管；
　　（2）软件：IAR-EW8051-8101。

9.1.2　任务分析

1. 红外通信

红外线：在光谱中波长在 0.76～400 μm 的一段光线，称为红外线。所有高于绝对零度（−273.15℃）的物质都可以产生红外线。红外线是不可见光线。

红外通信是利用红外技术实现两点间的近距离保密通信和信息转发，一般由红外发射和接收系统两部分组成。

红外线遥控利用波长为 0.76～1.5 μm 之间的近红外线来传送控制信号，是目前使用最广泛的一种通信和遥控手段。红外线遥控装置具有体积小、功耗低、功能强、成本低等优点。在家用电器中，彩电、录像机、录音机、音响设备、空凋机以及玩具等产品中应用非常广泛。在高压、辐射、有毒气体、粉尘等环境下，工业设备采用红外线遥控不仅完全可靠，而且能有效地隔离电气干扰。

2. 红外对管

红外发光管：红外发光二极管通常使用砷化镓（GaAs）、砷铝化镓（GaAlAs）等材料，采用全透明或浅蓝色、黑色的树脂封装。通电后会产生的光波波长为 940 nm 左右的红外线。发光管实物图如图 9-1 所示。

图 9-1　红外发光管实物图

红外接收头：其内部含有高频的滤波电路，专门用来滤除红外线合成信号的载波信号（38 kHz），并送出接收到的信号。当红外线合成信号进入红外接收头，在其输出端便可以得到原先红外发射器发出的数字编码。接收管实物图如图 9-2 所示。

红外接收头的主要参数如下：

◇ 工作电压：4.8～5.3 V；　　　工作电流：1.7～2.7 mA；

◇ 接收频率：38 kHz；　　　峰值波长：980 nm；

◇ 静态输出：高电平；　　　输出低电平：≤0.4 V；

◇ 输出高电平：接近工作电压。

图 9-2　红外接收管实物图

常用的红外遥控系统一般分发射和接收两个部分。应用编/解码专用集成电路芯片来进行控制操作，如图9-3所示。

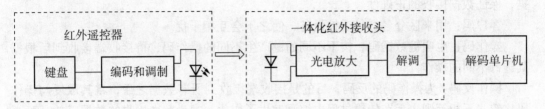

图9-3 红外线遥控系统结构图

发射部分包括键盘矩阵、编码调制、LED红外发送器；接收部分包括光、电转换放大器、解调、解码电路。

3. 红外接遥控的载波频率

红外通信时，由于以下原因需要有载波：

（1）更好地减少周边环境对红外信号的干扰。因为经过调制后，我们在接收时，可以选择性地接收。比如现在发送的是38 kHz的红外信号，那接收时只接收38 kHz的信号，其他频率的一概不接收。

（2）另外，经过载波的二次调制还可以提高发射效率，达到降低电源功耗的目的。

调制载波频率一般在30 kHz到60 kHz之间，大多数使用的是38 kHz，占空比1/3的方波。这是由发射端所使用的455 kHz晶振决定的。在发射端要对晶振进行整数分频，分频系数一般取12，所以455 kHz÷12≈37.9 kHz≈38 kHz。

常用38 kHz产生办法有以下三种，下述三种办法中，①和③都需要额外的电路，而②只需要单片机即可实现。

①455 kHz晶振进行分频，12分频后为37.96 kHz；

②用单片机的PWM模块产生；

③用时基电路产生，如NE555电路。

4. NEC协议

红外基带信号发送协议有多种协议规范，本书以NEC协议为例。NEC协议的发送和接收都是由"引导码 + 8位客户码1 + 8位客户码2 + 8位操作码 + 8位操作反码"组成，而用户真正需要的只有操作码。如图9-4所示，图中的"客户码2操作码"指的是8位客户码2（即客户码1的反码）和8位操作码。

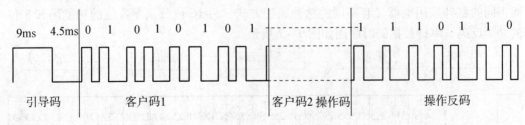

图9-4 NEC协议编码组成

1）各组编码的作用

引导码：相当于一把钥匙，单片机只有检测到了引导码出现了才确认接收后面的数据，保证数据接收的正确性。

客户码：用来区分各红外遥控设备，使之不会互相干扰。

操作码：也叫键数据码，按下不同的键产生不同的操作码，待接收端接收到后根据其进行不同的操作。

操作反码：为操作码的反码，目的是接收端接收到所有数据之后，将其取反与操作码比较，不相等则表示在传输过程中编码发生了变化，视为此次接收的数据无效，可提高接收数据的准确性。

2）各组编码的产生

引导码：一般的红外发射芯片比如日本 NEC 的 uPD6121G 红外编码芯片，定义的引导码为 9 ms 的高电平加 4.5 ms 的低电平组成，如图 9-5 所示。自己设计的红外发射电路，引导码的时间可以自定义（但要注意：为了接收准确，引导码高电平的时间不能过短，可为 8000～10 000 μs 之间）。

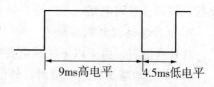

图 9-5　引导码的时序电平

客户码和操作码都为 8 位的二进制编码。NEC 的 uPD6121G 编码芯片定义的"0""1"如下："0"，0.56 ms 的高电平 + 0.565 ms 的低电平；"1"，0.56 ms 的高电平 + 1.685 ms 的低电平。数码"0""1"的占空比可以自定义，如图 9-6 所示。

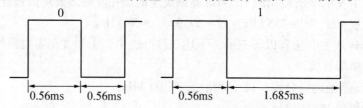

图 9-6　"0"和"1"的时序电平

客户码也叫识别码，它用来指示红外发送（遥控系统）的种类，以区别其他遥控系统，防止各遥控系统的误动作功能码（也叫指令码），它代表了相应的控制功能，在接收机中可根据功能码的数值完成各种功能操作。客户反码与功能反码分别是客户码与功能码的反码，反码的加入是为了能在接收端校对传输过程中数据是否产生差错。脉冲位置表示的"0"和"1"组成的 32 位二进制码前 16 位控制指令，控制不同的红外遥控设备。而不同的红外家用电器又有不同的脉冲调控方式，后 16 位分别是 8 位的功能码和 8 位的功能反码。串行数据码时序图如图 9-7 所示。

图 9-7　串行数据码时序图

系统码又称地址码，或客户码，功能码又称操作码，或键码。

假如要发送一个数据 C8H，其客户码 1 为 AAH，客户码 2 为 55H，那么转换成的二进制数为：10101010 01010101　11001000 00110111，再加上引导码要发送的波形就如图 9-8 所示，数据表示为：低位在前，高位在后。

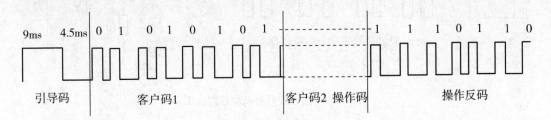

图 9-8　时序举例 1

上述"0"和"1"组成的 32 位二进制码，经 38 kHz 的载频进行二次调制以提高发射效率（因红外接收头能接收的红外线为 38 kHz 左右），还可达到降低电源功耗的目的，如图 9-9 所示。

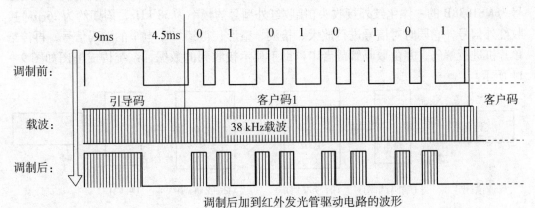

图 9-9　发送波形调制前后对比图

接收信号时红外接收需先进行解调，解调的过程是通过红外接收管进行接收的。其基本工作过程为：当接收到调制信号时，输出高电平，否则输出为低电平，是调制的逆过程。VS1838B 是一体化集成的红外接收器件，直接就可以输出解调后的高低电平信号。

当接收到 38 kHz 的红外线时其输出低电平；静态时（没收到 38 kHz 红外线）其输出为高电平，接收到的波形解调前后的波形对比如图 9-10 所示，其中上面波形为接收的带载波的波形，下面波形为解调之后的波形。红外发射信号经红外接收头接收进行解调后，会将信号进行反向。收到的"0"码"1"码只是高电平时的时间不同，那么就可以通过时间来判断是"0"码还是"1"码。

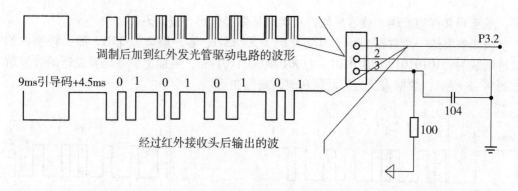

调制后加到红外发光管驱动电路的波形

9ms引导码+4.5ms 0 1 0 1 0 1 0 1

经过红外接收头后输出的波

图 9 - 10   接收波形解调前后对比图

9.1.3   任务实施

红外通信系统主要由红外信号发射模块和红外信号接收模块两部分组成，发射模块先用键盘操作键值，以二进制信号的形式传送给单片机，单片机将待发送的二进制信号编码调制为一系列的脉冲串信号，通过红外发射管发射红外信号。红外接收模块采用型号为 VS1838B 的一体化红外接收头(接收红外型号的频率为 38 kHz，周期约为 26 μs)接收红外信号，它同时对信号进行放大、检波、整形，得到 TTL 电平的编码信号，再传给单片机进行解码，并由数码管或者串口助手显示接收到的数据，系统构成框图如图 9 - 11 所示。

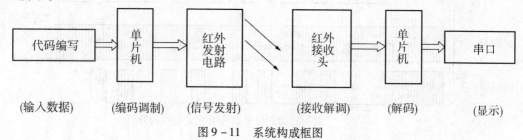

(输入数据)   (编码调制)   (信号发射)   (接收解调)   (解码)   (显示)

图 9 - 11   系统构成框图

红外发射电路的电路原理图如图 9 - 12 所示，红外接收电路的电路原理图如图 9 - 13 所示。

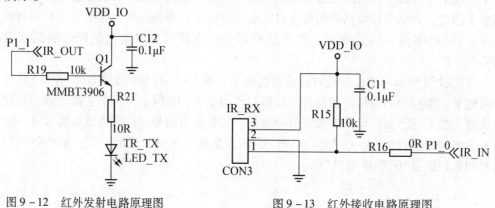

图 9 - 12   红外发射电路原理图   图 9 - 13   红外接收电路原理图

1. 红外发送代码

```
//红外发送头文件: IR_Send. h
#ifndef __IR_SEND_H__
#define __IR_SEND_H__
#define uint unsigned int
#define uchar unsigned char
#define u32 unsigned long
extern void SendIRdata(uchar iraddr1,uchar p_irdata1);
#endif

//红外发送 C 文件: IR_Send. c
#include <ioCC2530. h>
#include <IR_Send. h>
#define uint unsigned int
#define uchar unsigned char
#define u32 unsigned long
#define u8  unsigned char
#define OP P1_1            //红外输出
volatile uint count_T3;
volatile uchar Flag_Ir_Send;
volatile  uint endcount;
void SendIRdata(volatile uchar iraddr1,volatile uchar p_irdata1)
{
    T3CTL  |= 0x08 ;//开溢出中断
    T3IE  = 1;//开总中断和 T3 中断
    T3CTL &= ~0x03;//自动重装 00 - >0xff
    T3CTL  |=0x10;//启动
    EA =1;
```

/* T3 的定时周期为 16 MHz,0—255,256 * 1/16 MHz =16 μs, 每 16 μs 进入一次中断,也许将 OP 取反一次,OP 的变化周期为 32 μs, OP 的频率为 1/32 μs =31 kHz (与 38 kHz 接近). 若严格按照 38 kHz 来编程,则1/38 kHz =26 μs,需每 13 μs 进入一次中断,则 T3 的计数次数为 13 μs* 32 MHz/2 =208,计数方式不能为 256 自动重装,较麻烦* /

```
    volatile uint end;  uint i;uchar irdata;//end =endcount
    uchar iraddr2 =~ iraddr1;
    uchar p_irdata2 =~ p_irdata1;
    endcount =0;
    count_T3 = 0;
    Flag_Ir_Send = 0;
    OP =1;
    endcount =553;
    Flag_Ir_Send =1;
```

```
    count_T3 = 0;
    while(count_T3 < endcount);  //发送9ms的起始码高电平(16 μs* 553 = 8.848 ms)
     //这8.848 ms期间OP为每16 μs为高,在16 μs为低,即31 kHz的方波.
    Flag_Ir_Send = 0;
    endcount = 282;
    count_T3 = 0;//(16 μs* 282 = 4.512 ms)
    while(count_T3 < endcount);   //发送4.5 ms的低电平起始码
//这4.512期间OP为持续低电平
    irdata = iraddr1;   //发送地址
    for(i = 0;i < 8;i + +)
    {
        endcount = 34; //(16 μs* 34 = 0.576 ms)
        Flag_Ir_Send = 1;
        count_T3 = 0;
        while(count_T3 < endcount);/* 先发送0.56 ms的38 kHz红外波(即编码中的高
电平)* /
        Flag_Ir_Send = 0;
        if(irdata&0x01)   //判断irdata的最低位为1还是0
        {  //若为1,则OP输出1.632的低电平(16 μs* 102 = 1.632 ms)
            endcount = 102;
        }
        else
        {  //若最低位为0,则OP输出0.576的低电平
            endcount = 34;
        }
        count_T3 = 0;
        while(count_T3 < endcount);
        irdata = irdata > >1;
    }
    irdata = iraddr2; //发送地址的反码
    for(i = 0;i < 8;i + +)
    {
        endcount = 34;
        Flag_Ir_Send = 1;
        count_T3 = 0;
        while(count_T3 < endcount);
        Flag_Ir_Send = 0;
        if(irdata&0x01)
        {
            endcount = 102;
        }
```

```
        else
        {
            endcount = 34;
        }
    count_T3 = 0;
    while(count_T3 < endcount);
    irdata = irdata > >1;
}
irdata = p_irdata1; //发送8位数据
for(i = 0;i < 8;i + +)
{
    endcount = 34;
    Flag_Ir_Send = 1;
    count_T3 = 0;
    while(count_T3 < endcount);
    Flag_Ir_Send = 0;
    if(irdata&0x01)
    {
        endcount = 104;
    }
    else
    {
        endcount = 34;
    }
    count_T3 = 0;
    while(count_T3 < endcount);
    irdata = irdata > >1;
}
irdata = p_irdata2;    //发送8位数据反码
for(i = 0;i < 8;i + +)
{
    endcount = 34;     //开始码
    Flag_Ir_Send = 1;
    count_T3 = 0;
    while(count_T3 < endcount);
    Flag_Ir_Send = 0;
    if(irdata&0x01)
    {
        endcount = 102;
    }
    else
```

```
        {
            endcount = 34;
        }
        count_T3 = 0;
        while (count_T3 < endcount);
        irdata = irdata > >1;
    }
    endcount = 34;
    Flag_Ir_Send = 1;    //发送
    count_T3 = 0;
    while (count_T3 < endcount);
    Flag_Ir_Send = 0;
    OP = 1;
}
#pragma vector  = T3_VECTOR //定时器 T3
__interrupt void T3_ISR(void)
{
        count_T3 + +;
  if (Flag_Ir_Send = =1)
  {
        OP = ~ OP;
  }
  else
  {
            OP = 0;
  }
}


//主函数:main. c
#include < ioCC2530. h >
#include < IR_Send. h >
#define uchar unsigned char
#define IR_Tx P1_1 //发送
#define IR_Rx P1_0 //接收
void Delay_ms (uint n);
void IO_Init();
void SendIRdata (volatile uchar iraddr1,volatile uchar p_irdata1) ;

void main()
{
  CLKCONCMD & = ~ 0x40;        //设置系统时钟源为 32 MHz 晶振
```

```
    while(CLKCONSTA & 0x40);    //等待晶振稳定为 32 MHz
    CLKCONCMD & = ~0x47;            //设置系统主时钟频率为 32 MHz
    IO_Init();
    while(1)
    {
      SendIRdata(000,255);
      Delay_ms(1000);
    }
}
void Delay_ms(uint n)
{
    uint i,j;
    for(i =0;i <n;i + +)
      for(j =0;j <1774;j + +);
}


void IO_Init()
{
    P1SEL & =~ 0X03;//P1_0、P1_1 普通 I/O 口
    P1DIR & = ~0x01;//P1_0 接收    0 输入
    P1DIR | = 0x02; //P1_1 发送    1 输出
    IR_Rx =1;
}
```

编译上述代码，观察实验现象，如果有逻辑分析仪，可以通过逻辑分析仪观察波形；修改发送的地址和数据，观察实验现象；可以在红外发送代码里加入串口发送函数，可以通过串口调试助手模拟遥控器发送客户码和键码。

2. 红外接收代码

将红外接收代码下载到另一块单片机中，并在串口调试助手中观察现象。注意红外发送二极管和红外一体化接收头要近距离放置，中间不能有遮挡。

```
//接收头文件:Reccept.h
#ifndef __RECCEPT_H__
#define __RECCEPT_H__
#define uint unsigned int
#define uchar unsigned char
extern void Delay_ms(uint n);
extern void InitEx();
extern void Reccept1();
#endif
```

```
//串口头文件 uart. h
#ifndef __UART_H__
#define __UART_H__
#define   uint   unsigned int
#define   uchar unsigned char
extern void InitUART(void);
extern void UartSend_String(char * Data,int len);
extern void UartSend_Uchar(uchar num);
extern void UartSend_Int(int num);
#endif


//串口 C 文件: uart. c
#include <ioCC2530.h>
#include <string.h>
#include <uart.h>

#define   uint   unsigned int
#define   uchar unsigned char
/* * * * * * * * * * * * * * * * * * * * * * * * * *
串口发送字符串函数
* * * * * * * * * * * * * * * * * * * * * * * * * * * /
void UartSend_String(char * Data,int len)
{
  int j;
  for(j=0;j<len;j++)
  {
    U0DBUF = * Data++;
    while(UTX0IF == 0);
    UTX0IF = 0;
  }
}
/* * * * * * * * * * * * * * * * * * * * * * * * * * *
   串口初始化函数
* * * * * * * * * * * * * * * * * * * * * * * * * * /
void InitUART(void)
{
  PERCFG = 0x00;   //位置1 P0 口
  P0SEL = 0x0c;   //P0_2,P0_3 用作串口(外部设备功能)
  P2DIR &= ~0XC0;    //P0 优先作为 UART0
```

```
  U0CSR | = 0x80;    //设置为 UART 方式
  U0GCR | = 11;
  U0BAUD | = 216;    //波特率设为115200
  UTX0IF = 0;        //UART0 TX 中断标志初始置位 0
}
void UartSend_Uchar(uchar num)
{
  uchar sda;

  sda = num/100 + '0';
  UartSend_String(&sda,1);

  sda = num% 100/10 + '0';
  UartSend_String(&sda,1);
  sda = num% 10 + '0';
  UartSend_String(&sda,1);

}

//接收 C 文件: Reccept. c
#include <ioCC2530. h>
#include <uart. h>
#include <Reccept. h>
#include <string. h>

static uchar Ir_Buf[4];
static uchar recFlag = 0,i;
static uint recTemp = 0;
static uint recNumBit = 0;
static uint recNumByte = 0;
static unsigned int time = 0;
//定义 LED 的端口
#define IR_Tx P1_1
#define IR_Rx P1_0
void Delay_ms(uint n)
{
  uint i,j;
  for(i =0;i <n;i + +)
    for(j =0;j <1774;j + +);
}
void delay_us(unsigned int i)
```

```
{
  unsigned int j = 18;
  while (i - -)
  {
    while (j - -);
    j = 18;
  }
}
void IO_Init()
{
  P1DIR & = ~0x01; //P1_0 输入, 红外接收
  P1DIR | = 0x02;   //P1_1 输出, 红外发送
  IR_Tx = 1;
}
/* * * * * * * * * * * * * * * * * * * * * * * * * *
KEY 初始化程序 - - 外部中断方式
* * * * * * * * * * * * * * * * * * * * * * * * * * * /
void InitEx()
{
  P1IEN | = 0x01;   //P10 红外接收 设置为中断方式
  PICTL & = ~0x01; // P10 红外接收设置为上升沿触发
  IEN2 | = 0x10;    // 允许 P1 口中断;
  P1IFG = 0x00;     // 初始化中断标志位
  EA = 1;
}
/* * * * * * * * * * * * * * * * * * * * * * * * * * *
*  获取低电平时间
* * * * * * * * * * * * * * * * * * * * * * * * * * * * * /
unsigned char Ir_Get_Low()
{
  unsigned int t = 0;
  while (!IR_Rx)
  {
    t + +; delay_us(1);
    if (t = = 250){return t;} //超时溢出
  }
  return t;
}

/* * * * *  获取高电平时间 * * * * * /
unsigned char Ir_Get_High()
```

```
{
  unsigned int t =0;
  while(IR_Rx)// P10 红外接收为高电平时计算时间
  {
    t + +;delay_μs(1);
    if(t = =250){return t;} //超时溢出
  }
  return t;
}
/* * * * * * * * * * * * * * * * * * * * * * * * * *
      中断处理函数
* * * * * * * * * * * * * * * * * * * * * * * * * * * /
#pragma vector = P1INT_VECTOR
  __interrupt void P1_ISR(void)
{
  //* * * * * * * * * * * * 引导码 9 ms + 4.5 ms* * * * * * * * * * * *
  time = Ir_Get_High();// P10 红外接收为上升沿执行此函数,计算高电平时间
    if(recFlag)
    {
    if( (time >5)&&(time <40) )   // 0
    {
      recTemp & = ~0x01;
    }
    else if( (time >40)&&(time <99) )   // 1
      {
        recTemp | = 0x01;
      }
    else
      {
        recFlag = 0; //接收状态的标志位
      }
    if(recNumBit = =7)
    {
      recNumBit = 0;//recNumBit 接收到数据的位数
      Ir_Buf[recNumByte] = recTemp;//recTemp 存放一个字节的内容
      if(recNumByte = =3)//recNumByte 接收到的字节数
        {
          recFlag = 0;
          for(i =0;i <4;i + +)
            {
              UartSend_Uchar(Ir_Buf[i]);
```

```
            UartSend_String(" ",1);
                }
            UartSend_String("\ n",1);
                }
        else
          {
            recNumByte + +;//字节数加1
          }
      }
    else
    {
      recNumBit + +;//位数加1
      recTemp << =1;//recTemp 存放一字节的内容左移
    }
  }
  else
  {
    if( (time >180)&&(time <220) )   //4.5 ms 引导
    {
      recFlag = 1;
      recNumBit = 0;
      recNumByte = 0;
    }
  }

  P1IFG = 0; //清中断标志
  P1IF  = 0; //清中断标志
}

//主函数:main. c
#include <ioCC2530. h >
#include < string. h >
#include < Reccept. h >
#include < uart. h >
//函数声明
void Delay_ms(uint);
void initUART(void);
void IO_Init();
void UartSend_String(char * Data,int len);
void InitEx();
void reccept1();
```

```
void main(void)
{
    CLKCONCMD & = ~0x40;              //设置系统时钟源为 32 MHz 晶振
    while(CLKCONSTA & 0x40);          //等待晶振稳定为 32 MHz
    CLKCONCMD & = ~0x47;              //设置系统主时钟频率为 32 MHz
    IO_Init();
    InitUART();
    InitEx();
    UartSend_String("Hello\n",6);
    while(1)
    { }
}
```

根据修改发送的地址和数据，修改接收的地址，观察实验现象；修改发送和接收的频率，观察实验现象；抓取的红外信号分析举例如下：当发送信号：地址码为 000，键码为 255 时发送波形如图 9 – 14 所示，从上到下波形依次放大。当发送时地址码为 000，键码为 254，接收端抓取的红外接收端波形图如图 9 – 15 所示，从上到下依次放大。

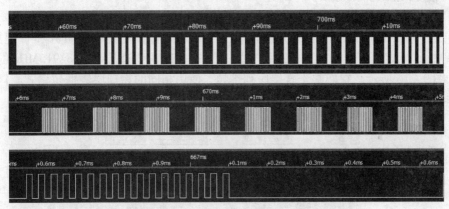

图 9 – 14   抓取的红外发送波形图

波形组成：引导码 + 地址码：000 + 地址码反码：255 + 键码：254 + 键码反码：001。

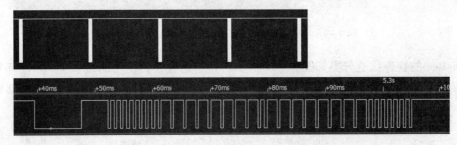

图 9 – 15   抓取的红外接收端波形图

波形组成：引导码 + 地址码：000 + 地址码反码：255 + 键码：254 + 键码反码：001。

任务 24   点对点通信

9.2.1   任务环境

(1)硬件：CC2530 开发板 2 块，CC2530 仿真器，PC 机，串口线；

(2)软件：IAR-EW8051-8101。

9.2.2   任务分析

ZigBee 技术是以 IEEE 802.15.4 标准为基础发展出的无线通信技术，是一种短距离、低功耗的无线通信技术。其特点是近距离、低复杂度、自组织、低功耗、低数据速率、低成本。主要适用于自动控制和远程控制领域，可以嵌入各种设备。通过多个 CC2530 进行协议栈的配置可以进行无线组网，分别有协调器、路由器、终端等身份特征。在本次任务中我们不涉及协议栈的配置，使用相关的寄存器设置，进行两块 CC2530 单片机点对点的通信。

IEEE 802.15.4 规范定义了 ZigBee 的物理层和 MAC 层。物理层负责的主要功能如下：工作频段的分配，信道的分配以及为 MAC 层服务提供数据服务和管理服务。IEEE 802.15.4 定义了两个物理标准，分别是 2.4 GHz 的物理层和 868/915MHz 的物理层，如图 9 – 16 所示。它们基于直接序列扩频，使用相同的物理层数据包格式，区别在于工作频段、调制技术和传输速率不同。

频带		使用范围	数据传输率	信道数
2.4 GHz	ISM	全世界	250 kbps	16
868 MHz		欧洲	20 kbps	1
915 MHz	ISM	北美	40 kbps	10

图 9 – 16   IEEE 802.15.4 定义的 ZigBee 物理标准

ZigBee 的物理信道分类如图 9 – 17 所示，其中适合我们使用的是 2.4 GHz，有 16 个信道。信道编号分别为 11 ~ 26 号，第 11 信道为 2405 MHz，第 12 信道为 2410 MHz，……，第 26 信道为 2480 MHz。RF 无线通信相关寄存器定义如图 9 – 17 所示。

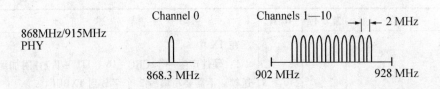

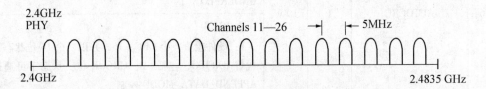

图 9 – 17 ZigBee 物理信道

1. RFD：发送缓冲区和接收缓冲区寄存器（表 9 – 1）

表 9 – 1 RFD (0xD9) RF 数据

位	名　称	复　位	R/W	描　述
7：0	RFD[7：0]	0x00	R/W	数据写入寄存器，就是写入 TXFIFO，当读取该寄存器的时候，就是从 RXFIFO 中读取数据

可以通过 SFR 寄存器 RFD 访问 TXFIFO 和 RXFIFO。当写入 RFD 寄存器时，数据被写入到 TXFIFO。当读取 RFD 寄存器时，数据从 RXFIFO 中读出。XREG 寄存器 RXFIFOCNT 和 TXFIFOCNT 提供 FIFO 中的数据数量的信息。FIFO 的内容可以通过发出 SFLUSHRX 和 SFLUSHTX 清除。

2. FRMCTRL0（表 9 – 2）

在点对点使用寄存器配置来通信的过程中，发送时，由硬件自动生成一个 16 位的冗余校验码，附加在发送帧的后面，同样在接收时，最后 2 字节的冗余校验码 CRC 由硬件进行检测验证。

表 9 – 2 FRMCTRL0 (0x6189) 帧处理

位	名　称	复　位	R/W	描　述
7	APPEND_DATA_MODE	0	R/W	当 AUTOCRC = 0 时该位的值不重要； 当 AUTOCRC = 1 时该位分别为： 0：RSSI + crc_ok 位和 7 位相关值附加到每个收到帧的末尾 1：RSSI + crc_ok 位和 7 位 SRCRESINDEX 附加到每个收到帧的末尾

位	名　　称	复　位	R/W	描　　述
6	AUTOCRC	1	R/W	在 TX 中 1：硬件产生一个 CRC – 16（ITU – T）并附加到发送帧。不需要写最后 2 个字节到 TXBUF 0：没有 CRC – 16 附加到帧。帧的最后 2 个字节必须手动产生并写到 TXBUF（如果没有，发生 TX_UNDERFLOW） 在 RX 中 1：硬件检查一个 CRC – 16，并以一个 16 位状态字代替 RXFIFO，包括一个 CRCOK 位。状态字可通过 APPEND_DATA_MODE 控制 0：帧的最后 2 个字节（CRC – 16 域）存储在 RXFIFO。CRC 校验（如果有必须手动完成）
5	AUTOACK	0	R/W	定义无线电是否自动发送确认帧。当 AUTOACK 使能，所有经过地址过滤接受的帧都设置确认请求标志，在接收之后自动确认一个有效的 CRC12 符号周期 0：AUTOACK 禁用；1：AUTOACK 使能
4	ENERGY_SCAN	0	R/W	定义 RSSI 寄存器是否包括自能量扫描使能以来最新的信号强度或峰值信号强度 0：最新的信号强度 1：峰值信号强度
3：2	RX_MODE[1：0]	00	R/W	设置 RX 模式 00：一般模式，使用 RXFIFO 01：保留 10：RXFIFO 循环忽略 RXFIFO 的溢出，无限接收 11：和一般模式一样，除了禁用符号搜索。当不用于找到符号可以用于测量 RSSI 或 CCA
1：0	TX_MODE[1：0]	00	R/W	设置 TX 的测试模式 00：一般操作，发送 TXFIFO 01：保留。不能使用 10：TXFIFO 循环忽略 TXFIFO 的溢出和读循环，无限发送 11：发送来自 CRC 的伪随机数，无限发送

3. RFIRQM0 寄存器(表9-3)

表9-3   RFIRQM0 (0x61A3) RF 中断屏蔽

位	名 称	复 位	R/W	描 述
7	RXMASKZERO	0	R/W	RXENABLE 寄存器从一个非零状态到全零状态 0：中断禁用 1：中断使能
6	RXPKTDONE	0	R/W	收到一个完整的帧 0：中断禁用 1：中断使能
5	FRAME_ACCEPTED	0	R/W	帧经过了帧过滤 0：中断禁用 1：中断使能
4	SRC_MATCH_FOUND	0	R/W	源匹配被发现 0：中断禁用 1：中断使能
3	SRC_MATCH_DONE	0	R/W	源匹配完成 0：无中断未决 1：中断未决
2	FIFOP	0	R/W	RXFIFO 中的字节数超过设置的阈值。当收到一个完整的帧也激发 0：中断禁用 1：中断使能
1	SFD	0	R/W	收到或发送 SFD 0：中断禁用 1：中断使能
0	ACT_UNUSED	0	R/W	保留 0：中断禁用 1：中断使能

4. RFIRQF0 寄存器(表9-4)

表9-4   RFIRQF0 (0xE9) RF 中断标志

位	名 称	复 位	R/W	描 述
7	RXMASKZERO	0	R/W	RXENABLE 寄存器从一个非零状态到全零状态 0：无中断未决 1：中断未决

位	名　称	复　位	R/W	描　　述
6	RXPKTDONE	0	R/W	接收到一个完整的帧 0：没有中断未决 1：中断未决
5	FRAME_ACCEPTED	0	R/W	帧经过了帧过滤 0：没有中断未决 1：中断未决
4	SRC_MATCH_FOUND	0	R/W	源匹配发现 0：没有中断未决 1：中断未决
3	SRC_MATCH_DONE	0	R/W	源匹配完成 0：没有中断未决 1：中断未决
2	FIFOP	0	R/W	RXFIFO 中的字节数超过设置的阈值。当收到一个完整的帧也会激发 0：没有中断未决 1：中断未决
1	SFD	0	R/W	收到或发出 SFD 0：没有中断未决 1：中断未决
0	ACT_UNUSED	0	R/W	保留 0：没有中断未决 1：中断未决

5. RFIRQF1 寄存器(表 9 – 5)

表 9 – 5　RFIRQF1 (0x91) – RF 中断标志

位	名　称	复　位	R/W	描　　述
7：6	—	0	R0	保留。读作 0
5	CSP_WAIT	0	R/W0	CSP 的一条等待指令之后继续执行 0：无中断未决 1：中断未决
4	CSP_STOP	0	R/W0	CSP 停止程序执行 0：无中断未决 1：中断未决

位	名 称	复 位	R/W	描 述
3	CSP_MANINT	0	R/W0	来自 CSP 的手动中断产生 0：无中断未决 1：中断未决
2	RFIDLE	0	R/W0	无线电状态机制进入空闲状态 0：无中断未决 1：中断未决
1	TXDONE	0	R/W0	无线电状态机制进入空闲状态 0：无中断未决 1：中断未决
0	TXACKDONE	0	R/W0	完整发送了一个确认帧 0：无中断未决 1：中断未决

6. 推荐寄存器配置

在发送端和接收端推荐的一组寄存器配置如表 9 - 6 所示。

表 9 - 6 需要从其默认值更新的寄存器

寄存器名称	新的值（十六进制）	描 述
AGCCTRL1	0x15	调整 AGC 目标值
TXFILTCFG	0x09	设置 TX 抗混叠过滤器以获得合适的带宽
FSCAL1	0x00	和默认设置比较，降低 VCO 泄露大约 3dB。推荐默认设置以获得最佳 EVM

```
//信道的设置：

    FREQCTRL = (11 + (25 -11)* 5);//(MIN_CHANNEL + (channel - MIN_CHANNEL) *
CHANNEL_SPACING);   //设置载波为 2475 M
```

9.2.3 任务实施

（1）利用两块 CC2530 单片机，一块作为发送节点，一块作为接收节点。当按下发送节点的按钮时，发送节点发送一个数据包给接收节点，并将自己的 LED 灯的亮灭状态取反。发送节点的代码如下，需要注意的是如果在一个实验室里有很多同学同时做实验，每位同学需要将 PANID 号修改为和其他同学不冲突的唯一号码。

```
    #include < ioCC2530. h >
    #define SENDVAL 5
    char SendPacket[] = {0x0c,0x61,0x88,0x00,0x07,0x20, 0xEF,0xBE,0x50,
```

0x20,SENDVAL};/* 第 1 个字节 0x0C 含义,后面还有 12 个字节要发送:第 5、6 个字节表示的是 PANID,本代码的网络号为 2007,请同学们修改为学号后 4 位;第 7、8 个字节是无线模块目标设备的网络地址 0xBEEF;第 9、10 就是本地模块的网络地址 0x2050;11 个字节是我们有用的数据,真正发送的数据;CRC 码 12、13 个字节是硬件自动追加,我们不需要写*/

```
void Delay()
{
    int y,x;
    for(y=1000;y>0;y--)
        for(x=30;x>0;x--);
}
void Init32M()
{
    SLEEPCMD &=0xFB;//1111 1011 开启 2 个高频时钟源
    while(0==(SLEEPSTA & 0x40));//0100 0000 等待 32 MHz 稳定
    Delay();
    CLKCONCMD &=0xF8;//1111 1000 不分频输出
    CLKCONCMD &=0XBF;//1011 1111 设置 32 MHz 作为系统主时钟
    while(CLKCONSTA & 0x40);//0100 0000 等待 32 MHz 成功成为当前系统主时钟
}
void KeysIntCfg()
{
    IEN2 |=0x10;//开 P1IE 中断
    P1IEN |=0x04;//开 Key 中断
    PICTL |=0x04;//设置 P1_2 为下降沿
    EA=1;        //开总中断
}
```

/* 射频初始化配置中要让 2 个模块的个域网、信道设置好并且一致,网络地址可以由 2 种表示方法 64 位 IEEE 地址和 16 位短地址(类似 IP 地址),这里采用 16 位短地址,由 2 个字节组成,发送模块地址为 0x2050,接收模块为 0xbeef.*/

```
void halRfInit(void)
{
    EA=0;
    FRMCTRL0 |= 0x60; /* 在发送中,由硬件产生一个 CRC-16 并附加到发送帧,
不需要写最后两个字节到 TXBUF.*/
    //在发送端推荐的一组射频设置
    TXFILTCFG = 0x09;
    AGCCTRL1 = 0x15;
    FSCAL1 = 0x00;
    // 下面 2 个寄存器设置是开射频中断
    RFIRQM0 |= 0x40;//把射频接收中断打开
    // enable general RF interrupts
```

```
        IEN2  | = 0x01;//允许 RF 中断
            //设置工作信道
            //(MIN_CHANNEL + (channel - MIN_CHANNEL) * CHANNEL_SPACING);
            FREQCTRL = (11 + (25 -11)* 5);//设置信道为 16 号,载波为 2475 MHz
            /* 设置 PANID——个域网 ID,因为发送模块和接收模块都会执行这个函数,所以
很显然它们的个域网 ID 是一样的,信道也是一样的   * /
            PAN_ID0 =0x07;
            PAN_ID1 =0x20; //0x2007
            RFST  = 0xEC;//清接收缓冲器
            RFST  = 0xE3;//开启接收使能
            EA =1;
        }

    void RFSend(char * pstr,char len)
    {
        char i;
        RFST = 0xEC; //确保接收是空的
        RFST = 0xE3; //清接收标志位
        while (FSMSTAT1 & 0x22);//等待射频发送准备好
        RFST = 0xEE;//确保发送队列为空
        RFIRQF1 & = ~0x02;//清发送标志位,为数据发送做好准备工作
        for(i =0;i < len;i + +)
        {
            RFD =pstr[i];
        }  //循环的作用是把我们要发送的数据全部压到发送缓冲区里面
        RFST = 0xE9; //一旦被设置为 0xE9,发送缓冲区的数据就被发送出去
        while(!(RFIRQF1 & 0x02) );//等待发送完成
        RFIRQF1 = ~0x02;//清发送完成标志
    }
    void main()
    {
        Init32M(); //主时钟晶振工作在 32 MHz
        KeysIntCfg();
        halRfInit();//无线通信的初始化
        P1DIR | =0x01;
        P1DIR | =0x02;
        SHORT_ADDR0 =0x50;//
        SHORT_ADDR1 =0x20;//设置本模块地址,设置本模块的网络地址 0x2050
        P1_0 =1;
        while(1);
    }
```

```
#pragma vector = P1INT_VECTOR
      __interrupt void Key3_ISR()
      {
          if(0x04 & P1IFG)
          {
              Delay();
              if(0 == P1_2)
              {
              P1_1 = ~ P1_1;   //把 LED2 取反
               RFSend(SendPacket,11);
              }
          }
          P1IFG = 0;
          P1IF = 0;
      }
```

接收节点的代码如下，当接收节点收到对方发来的数据包时，将自己的 LED 灯状态取反。

```
#include < ioCC2530. h >
      void Delay()
      {
          int y,x;
          for(y = 1000;y > 0;y - -)
            for(x = 30;x > 0;x - -);
      }
      void Init32M()
      {
          SLEEPCMD & = 0xFB;//1111 1011 开启 2 个高频时钟源
          while(0 == (SLEEPSTA & 0x40));// 0100 0000 等待 32 MHz 稳定
          Delay();
          CLKCONCMD & = 0xF8;//1111 1000 不分频输出
          CLKCONCMD & = 0XBF;//1011 1111 设置 32 MHz 作为系统主时钟
          while(CLKCONSTA & 0x40); //0100 0000 等待 32 MHz 成功成为当前系统主时钟
      }
      /* 射频初始化配置中要让 2 个模块的个域网、信道设置好并且一致,网络地址有 2 种
表示方法:64 位 IEEE 地址和 16 位短地址(类似 IP 地址),这里采用 16 位短地址,由 2 个字节组
成,发送模块地址为 0x5020,接收模块为 0xbeef * /
      void halRfInit(void)
      {
          EA = 0;
```

```
        FRMCTRL0 |= 0x60;
            //  推荐射频接收设置
            TXFILTCFG = 0x09;
            AGCCTRL1 = 0x15;
            FSCAL1 = 0x00;
            // //下面 2 个寄存器设置是开射频中断
            RFIRQM0 |= 0x40;
            IEN2 |= 0x01;
            /* 设置工作信道,载波为 2475 MHz, (MIN_CHANNEL + (channel - MIN_
CHANNEL) * CHANNEL_SPACING);  设置 PANID,个域网 ID,因为发送模块和接收模块都会执
行这个函数,所以很显然它们的个域网 ID 是一样的,信道也是一样的 * /
            FREQCTRL = (11 + (25 -11)* 5);
            PAN_ID0 =0x07;
            PAN_ID1 =0x20;
            RFST = 0xEC;//清接收缓冲器
            RFST = 0xE3;//开启接收使能
            EA =1;
        }
        void main()
        {

            Init32M(); //主时钟晶振工作在 32 MHz
            halRfInit();
            P1DIR |=0x01;
            P1DIR |=0x02;
            SHORT_ADDR0 =0xEF;
            SHORT_ADDR1 =0xBE;//设置本模块地址  0xBEEF
            P1_0 =1;
            P1_1 =0;
            while(1);
        }
        void RevRFProc()
        {
        static char len;
        static char  ch;
        len =ch =0;
        RFIRQM0 & = ~0x40;
        IEN2 & = ~0x01;
        EA =1;
        len =RFD;//读第一个字节判断这一串数据后面有几个字节
        while (len >0)
```

```
{//只要后面还有数据,就都从接收缓冲区中取出来
        ch = RFD;
        if(3 = = len)
        {//当接收倒数第三个字节时把 LED2 取反
          P1_1 = ~ P1_1;
        }
        len - -;
    }
    EA = 0;
    RFIRQM0 | = 0x40;
    IEN2 | = 0x01;
}
#pragma vector = RF_VECTOR
__interrupt void RF_IRQ(void)
{//* 这个是射频中断函数,当接收模块接收到发送模块发送来的数据时,接收模块的
CPU 就会执行中断函数* /
    EA = 0;
    if( RFIRQF0 & 0x40 )
    {
      RevRFProc();
      RFIRQF0 & = ~0x40;   // Clear RXPKTDONE interrupt
    }
    S1CON = 0;     // Clear general RF interrupt flag
    RFST = 0xEC;//清接收缓冲器
    RFST = 0xE3;//开启接收使能
    EA = 1;
}
```

使用一个 ZigBee 节点(CC2530 单片机)发送数据,一个 ZigBee 节点接收数据,一个 ZigBee 节点嗅探抓包。当发送代码烧录到发送节点后,两盏灯点亮,当按下按键时,LED2 灯亮灭的状态取反,并且 ZigBee 节点进行 RF 发送数据,发送数据为"5";当接收代码烧录到接收节点后,LED1 点亮,当接收到发送节点发送过来的数据帧时,LED2 灯亮灭的状态取反,此时观察从嗅探抓包抓取的数据帧、应答帧,修改发送的数据为其他数字,并观察数据帧。

嗅探抓包方法:使用一根方口线连接一个 ZigBee 节点,打开 Packet Sniffer 软件,如图 9-18 所示的对话框。在对话框中选择 IEEE 802.15.4/ZigBee 选项,点击 Start 按键开始,在下拉菜单中选择 ZigBee 2007/PRO,Capturing device 选项卡中选择 CC2530 器件,在 Radio configuration 选择自己代码中的信道序号和频率,设置好上述后就可以点击开始按键,对周围空气中进行 ZigBee 信号嗅探,一旦周围有数据进行发送或接受,就会被抓取,并显示在窗口中。注意嗅探过程中,该 ZigBee 节点必须始终通电,当嗅探

结束后，可以点击暂停键结束。若点击开始按键后，出现报错窗口，请按下下载器的复位按键，再次点击开始按键。

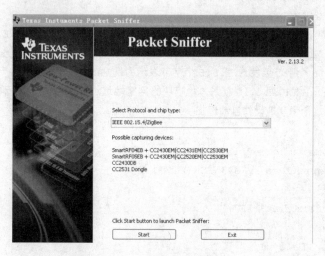

图9－18　抓包设置窗口

IEEE 802.15.4 网络共定义了 4 种帧结构：

①信标帧——主协调器用来发送信标的帧；

②数据帧——用于所有数据传送的帧；

③确认帧——用于确认成功接收的帧；

④MAC 层命令帧——用于处理所有 MAC 层对等体间的控制传输。

使用节点抓取的部分数据包如图 9－19 所示，在图中可以观察出数据包的 PSNID 为 2007，目标地址为 BEEF，源地址为 5020，发送的内容为 0x05。修改发送的数据"5"为其他数字，重新将发送代码下载并观察数据帧。

P.nbr. RX 1	Time (μs) +0 =0	Length 12	Frame control field					Sequence number 0x00	Dest. PAN 0x2007	Dest. Address 0xBEEF	Source Address 0x5020	MAC payload 05	LQI 252	FCS OK
			Type DATA	Sec 0	Pnd 0	Ack.req 1	PAN_compr 1							
P.nbr. RX 2	Time (μs) +13933120 =13933120	Length 12	Frame control field					Sequence number 0x00	Dest. PAN 0x2007	Dest. Address 0xBEEF	Source Address 0x5020	MAC payload 05	LQI 228	FC OF
			Type DATA	Sec 0	Pnd 0	Ack.req 1	PAN_compr 1							
P.nbr. RX 3	Time (μs) +11055010 =24988130	Length 12	Frame control field					Sequence number 0x00	Dest. PAN 0x2007	Dest. Address 0xBEEF	Source Address 0x5020	MAC payload 05	LQI 255	FC OF
			Type DATA	Sec 0	Pnd 0	Ack.req 1	PAN_compr 1							
P.nbr. RX 4	Time (μs) +131922180 =156910310	Length 23	Frame control field					Sequence number 0x07	Source PAN 0x5E66	LQI 80	FCS ERR			
			Type R110	Sec 0	Pnd 0	Ack.req 1	PAN_compr 1							

图9－19　抓取的部分数据包

（1）修改发送的数据"5"为"9""5""2""7"，修改接收的代码，将"9""5""2""7"都接收到。

（2）将串口通信代码增加到接收节点代码中，使接收节点将接收到的数据通过串口发送到串口助手查看。

2. 在上述代码基础上修改，实现发送一个字符串，发送端代码做出下列部分修改。

```
#include < ioCC2530. h >
#define SENDVAL 5
char SendPacket[] = {0x12,0x61,0x88,0x00,0x07,0x20,0xEF,0xBE,0x50,
0x20,'h','e','l','l','o','\ r','\ n'};/* 第1个字节 0x12 含义，表示这
```
个字节后面还有18个字节要发送，第5、6个字节表示的是 PANID，第7、8 个字节是无线模块目标设备的网络地址 0xBEEF，第9、10 就是本地模块的网络地址，第11～17个字节是我们有用的数据，CRC 码12、13个字节是硬件自动追加 * /

```
#pragma vector = P1INT_VECTOR
__interrupt void Key3_ISR() //P1_2
{
    if(0x04 & P1IFG)
    {
        Delay();
        if(0 = = P1_2)
        {
          P1_1 = ~ P1_1;   //把 LED2 取反
          RFSend(SendPacket,17);
        }
    }
    P1IFG = 0;
    P1IF = 0;
}
```

接收端代码如下，接收发送端发送过来的字符串，并将接收的字符串通过串口调试助手发送给 PC 端观察。

```
#include < ioCC2530. h >
void Delay()
{
    int y,x;
    for(y =1000;y >0;y - -)
      for(x =30;x >0;x - -);
}
void Init32M()
{
  SLEEPCMD & =0xFB;//1111 1011 开启2 个高频时钟源
  while(0 = = (SLEEPSTA & 0x40));// 0100 0000 等待 32 MHz 稳定
  Delay();
  CLKCONCMD & =0xF8;//1111 1000 不分频输出
```

```
    CLKCONCMD & =0XBF;//1011 1111 设置 32 MHz 作为系统主时钟
    while(CLKCONSTA & 0x40); //0100 0000 等待 32 MHz 成功成为当前系统主时钟
}
void Uart0_Cfg()
{
    PERCFG & =0xFE;//把这个寄存器的第零位强行清零  1111 1110
    //就是把串口 0 的脚位置配置在备用位置1 即 P0_2  P0_3
    P0SEL  | =0x0C;//让 P0_2  P0_3 这两个脚工作在片上外设模式
    U0CSR | =0xC0;
    U0UCR =0;
    U0GCR =11;
    U0BAUD =216;//波特率表格中参照 115200 时的配置值
    IEN0  | =0x04; //开接收数据的中断  0000 0100
    EA =1;
}
void Uart0SendByte(char SendByte)
{
    U0DBUF = SendByte;  //把收到的数据通过串口再返回发出去
    while(UTX0IF = =0);
    UTX0IF =0;
}
void halRfInit(void)
{
    EA =0;
    FRMCTRL0  | = 0x60;
    TXFILTCFG = 0x09;
    AGCCTRL1 = 0x15;
    FSCAL1  = 0x00;
    RFIRQM0  | = 0x40;
    IEN2  | = 0x01;
    FREQCTRL = (11 + (25 -11)* 5);
    PAN_ID0 =0x07;
    PAN_ID1 =0x20;
    RFST = 0xEC;//清接收缓冲器
    RFST = 0xE3;//开启接收使能
    EA =1;
}
void main()
{
    Init32M(); //主时钟晶振工作在 32 MHz
    halRfInit();
```

```
    Uart0_Cfg();
    P1DIR |=0X01;
    P1DIR |=0X02;
    SHORT_ADDR0=0xEF;
    SHORT_ADDR1=0xBE;//设置本模块地址  0xBEEF
    P1_0=1;
    P1_1=0;
    while(1);
}
void RevRFProc()
{
static char len;
static char  ch;
static char Alllen;
    len=ch=0;
    RFIRQM0 &= ~0x40;
    IEN2 &= ~0x01;
    EA=1;
    len=RFD;//读第一个字节判断这一串数据后面有几个字节
    Alllen=len;
    while (len>0)
    {//只要后面还有数据,就都从接受缓冲区中取出来
        ch=RFD;
        if(3==len)
        {
            P1_1=~P1_1;
        }
        if((len>=3)&&(Alllen-len>=9))
        {
            Uart0SendByte(ch);
        }
        len--;
     }
    EA=0;
    RFIRQM0 |= 0x40;
    IEN2 |= 0x01;
}
#pragma vector=RF_VECTOR
__interrupt void RF_IRQ(void)
{
    EA=0;
```

```
            if( RFIRQF0 & 0x40 )
            {

                RevRFProc();
                RFIRQF0 & = ～0x40;
            }

            S1CON = 0;
            RFST = 0xEC;//清接收缓冲器
            RFST = 0xE3;//开启接收使能
            EA =1;
        }
```

📖 课后阅读

1. 波形分析：某种红外发送信号如图 9 – 20 所示，从上往下三个波形依次被放大，请分析出客户码和操作码分别是多少。

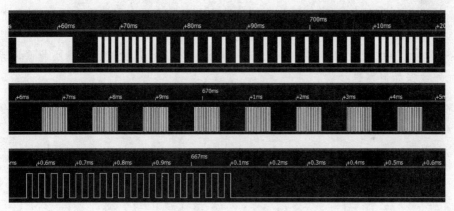

图 9 – 20　红外发送波形图

答：从上图的第一个波形分析得知红外发送的波形组成：引导码 + 8 位客户码1 + 客户码反码 + 8 位操作码 + 8 位操作反码。客户码：0000 0000 ；操作码：11111111。

2. 波形分析：某种红外信号如图 9 – 21 所示，请分析出客户码和操作码分别是多少。

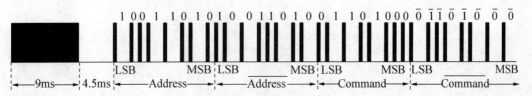

图 9 – 21　红外发送波形图

答：客户码和操作码都是先发送低位，再发送高位，经过分析可知，客户码：0101 1001——0X59；操作码：0001 0110—0X16。

项目总结

(1)红外通信数据的调制与解调；

(2)红外通信编码的组成：引导码、客户码、操作码；

(3)CC2530 进行红外通信的编程步骤；

(4)CC2530 单片机进行无线通信的相关寄存器配置；

(5)抓取无线数据包。

习题

1. 搜集 18B20 中文数据手册查看数据格式、初始化时序、读写时序。

2. 搜集 DHT11 中文数据手册查看数据格式、初始化时序、读写时序。

3. 请画出 IIC 的通信的起始信号、终止信号。

4. 若器件 7 位地址为 1111000，读取地址为 01H，请画出完整的读取一个字节的时序图；若器件 7 位地址为 1111000，存储地址为 18H，请画出存储数据为 01H 的时序图。

5. 回顾 CC2530 如何产生 38KPWM 波形。

6. 以安卓手机、ARM 网关、CC2530 单片机、空调这几种组成的最小物联网系统来阐述红外数据如何发送接收。

项目十　综合项目

项目概述

本项目主要内容是 CC2530 单片机的综合应用，包含 2 个任务。

任务 1 通过两块单片机采集温湿度传感器、光敏传感器的数据并通过串口传送以及呼吸灯的控制；

任务 2 通过自定义上行/下行的串口通信协议，使用单片机分别控制 2 盏 LED 灯的亮灭以及传递光敏传感器进行 ADC 转换后的数据。

项目目标

知识目标

(1)熟悉采集多个传感器数据、多个单片机进行串口通信的编程要点；

(2)理解综合应用项目的整体框图及数据流向；

(3)理解自定义通信协议的必要性；

(4)熟悉如何自定义通信协议。

技能目标

(1)会进行采集多个传感器数据、多个单片机进行串口通信的编程工作；

(2)能根据综合应用项目绘制整体框图并分析数据流向；

(3)能够自定义上行/下行通信协议。

情感目标

(1)培养积极主动的创新精神；

(2)锻炼发散思维能力；

(3)养成严谨细致的工作态度；

(4)培养观察能力、实验能力、思维能力、自学能力。

任务 25　温室大棚

10.1.1　任务环境

(1)硬件：网蜂 CC2530 开发板 2 块，CC2530 仿真器，PC 机，串口线，温湿度传感器、光敏传感器、2 盏 LED 灯；

(2)软件：IAR-EW8051-8101。

10.1.2 任务分析

温室大棚的工作过程：通过 DHT11 采集的温湿度数据发送到 CC2530 单片机 A 节点，单片机 A 节点通过串口传送到 CC2530 单片机 B 节点，单片机 B 节点再通过串口通信显示在 PC 端的串口调试助手上，单片机 B 节点能根据采集的光照强度自动调节 LED 的亮灭，单片机 B 节点上同时接有一盏呼吸灯。如图 10 - 1 所示。

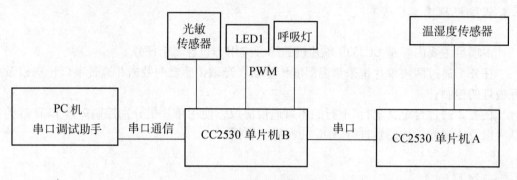

图 10 - 1　温室大棚整体框图

1. LED 模块

LED1 是光敏传感器模块检测是否有光而控制亮灭的 LED；LED2 是一盏通过 PWM 方式控制的呼吸灯，原理图如图 10 - 2 所示。

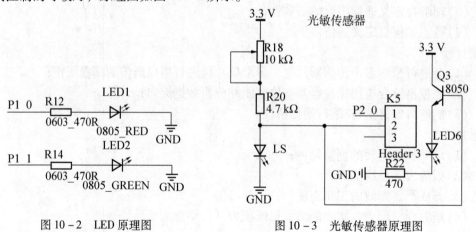

图 10 - 2　LED 原理图　　　　　图 10 - 3　光敏传感器原理图

2. 光敏传感器模块

当外界光度到达一定程度时输出有效信号低电平，通过单片机控制将 1 盏 LED 灯点亮，当光度达不到时输出高电平并通过单片机使将 1 盏 LED 灯熄灭。接线方式：光敏传感器的 V_{CC} 连接 P3 的 3.3 V，GND 连接原理图中 P4 的 GND，DO 输出对应原理图中 P3 的 P2_0 引脚，具体如图 10 - 3 所示。

3. DHT11 模块

DHT11 采用单总线数据格式，当发送一次开始信号后，DHT11 从低功耗模式转换到高速模式，等待主机开始信号结束后，DHT11 发送响应信号并送出 40 bit 的数据，并触发一次信号采集，用户可选择读取部分数据。DHT11 的接线方式：DHT11 的 V_{CC} 连接 CC2530 网蜂开发板原理图 P3 的 3.3 V，DHT11 的 GND 连接网蜂开发板原理图 P4 的 GND，DHT11 的 DA 端连接 CC2530 的 P0_6 引脚，如图 10 – 4 和图 10 – 5 所示。

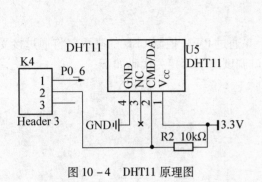

图 10 – 4 DHT11 原理图

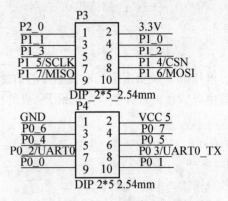

图 10 – 5 连接器部分原理图

10.1.3 任务实施

单片机 B 负责采集 DHT11 的温湿度，相关的 UART. C 和 DHT11. C 前面项目中已详细展开，此处不赘述，主程序代码部分如下：

```c
//单片机 B 中的 main. c
#include <ioCC2530. h>
#include <string. h>
#include "UART. H"
#include "DHT11. H"
void main(void)
{
    Delay_ms(1000);//让设备稳定
    InitUart();     //串口初始化
  while(1)
    {
      DHT11();       //获取温湿度
      P0DIR |= 0x40; //IO 口需要重新配置
      /* * * * * * 温湿度的 ASC 码转换* * * * * * * /
      temp[0] = wendu_shi +0x30;// 其中 0x30 是十进制的 48
      temp[1] = wendu_ge +0x30;
      humidity[0] = shidu_shi +0x30;
      humidity[1] = shidu_ge +0x30;
      /* * * * * * * 信息通过串口打印* * * * * * * * /
      Uart_Send_String(temp1,5);
```

```
        Uart_Send_String(temp,2);
        Uart_Send_String(humidity1,9);
        Uart_Send_String(humidity,2);
        Uart_Send_String("\ n",1);
        Delay_ms(2000);
    }
}
```

单片机 A 负责采集光敏传感器的数值，并通过 PWM 控制 LED 的亮灭，将通过接受到的串口信息再通过串口发送给 PC 机的串口调试助手，相关代码如下：

```
//timer1. h
#ifndef __TIMER1__H__
#define __TIMER1__H__
#include <ioCC2530. h>
extern void timer1_init(void);
extern void change_duty(unsigned char duty);
#endif

//uart. h
#ifndef __UART_H__
#define __UART_H__
extern void uart0_init(void);
extern void uart0_send_byte(char tmp);
extern void uart0_send_str(char * pStr);
#endif

//timer1. c
#include <ioCC2530. h>
#define LED P1_1 //该管脚为 TIMER1 的 1 通道
void timer1_init(void)
{
  T1CC0L = 6943&0XFF;
  T1CC0H = 6943 > >8;
  PERCFG | =1 << 6;
  P2SEL | =1 << 3;
  P1SEL | =1 << 1;
  T1CCTL1 & = ~ (1 << 3);
  T1CCTL1 | = ((1 << 2) | (1 << 4) | (1 << 5));
  T1CTL | =0X3;
}
```

```
void change_duty(unsigned char duty)
{
  unsigned int t1cc1;
  unsigned int maxvalue;
  int low,high;
  low = T1CC0L;
  high = T1CC0H;
  maxvalue = low | (high << 8);
  t1cc1 = maxvalue - (int)((float)duty* (maxvalue +1)/5.0);
  T1CC1L = t1cc1&0xff;
  T1CC1H = t1cc1 > >8;
}
//uart.c
#include <ioCC2530.h>
#include "timer1.h"
void uart0_init(void)
{//USART0 选择 uart 模式,管脚为 P0,波特率为 115 200
  PERCFG& = ~0X1;
  P2DIR& = ~(0X3 << 6);
  P0SEL | = (0X3 << 2);
  U0CSR = (1 << 7) | (1 << 6);
  U0GCR =11;
  U0BAUD =216;
  UTX0IF =1;
  URX0IF =0;
  URX0IE =1;
}
void uart0_send_byte(char tmp)
{
    while(UTX0IF = =0);
    UTX0IF =0;
    U0DBUF = tmp;
}
void uart0_send_str(char * pStr)
{
  while(* pStr! =0)
  {
    uart0_send_byte(* pStr + +);
  }
}
#pragma vector =0x13
```

241

```
__interrupt void uart0_receive_isr(void)
{
  unsigned char duty;
  duty = U0DBUF;
  if (duty > = '0'&&duty < = '9')
  {
    uart0_send_byte(duty);
    change_duty(duty - '0');
  }
}


//main. c
#include <ioCC2530. h>
#include "timer1. h"
#include "uart. h"
#define uint unsigned int
#define uchar unsigned char
#define LED1 P1_0
#define LED2 P1_1
#define LIGHT P2_0
unsigned char duty,flag;
void InitLed(void);   //初始化 LED1
void LightInit();      //光敏初始化
uchar LightScan();
void Delayms(uint xms)
{
uint i,j;
for(i = xms;i > 0;i - -)
   for(j = 587;j > 0;j - -);
}
uchar LightScan(void)
{
  if(LIGHT = = 0)
  {
    Delayms(10);
      if(LIGHT = = 0)
      {
        return 1;
      }
  }
  return 0;
```

```
}
void InitLed(void)
{
  P1DIR |= 0x01;   //P1_0 定义为输出
    LED1 = 1;        //LED1 灯熄灭
}
void LightInit()
{
  P2SEL &= ~0X01;       //设置 P20 为普通 IO 口
  P2DIR &= ~0X01;       // 在 P20 口,设置为输入模式
  P2INP &= ~0x01;       //打开 P20 上拉电阻,不影响
}
void set_clock_speed()
{
  CLKCONCMD &= ~(1 << 6);
  while(CLKCONSTA &(1 << 6));
  CLKCONCMD &= ~0X7;
  CLKCONCMD &= ~(1 << 4);
  CLKCONCMD |= (0X5 << 3);
  T1CTL &= ~(0X3 << 2);
}
void delay(unsigned int count)
{
  unsigned int i,j;
for(i = 0;i < count;i + +)
{
    for(j = 0;j < 10000;j + +);
}
}
void main()
{
  set_clock_speed();
  InitLed();   //调用初始化函数
  LightInit();
  uart0_init();
  timer1_init();
  EA = 1;
  P1SEL &= ~(1 << 0);
  P1DIR |= (1 << 0);
  LED1 = 0;
  flag = 0;
  duty = '0';
   while(1)
   {
   if(LightScan())
        LED1 = 0;
      else
        LED1 = 1;
    if(flag = =0)   //呼吸灯
```

```
    {
     if(duty > = '0'&&duty < = '9')
        change_duty(duty - '0');
    duty + +;
    if(duty = = '9')
      flag = 1;
    }
    else
    {
      if(duty > = '0'&&duty < = '9')
      {
       change_duty(duty - '0');
      }
      duty - -;
      if(duty = = '0')
      flag = 0;
    }
delay(30);
    }
}
```

将上述代码分别下载到两块单片机上，在单片机 B 上通过串口调试助手来观察部分温湿度数据，如图 10 – 6 所示。

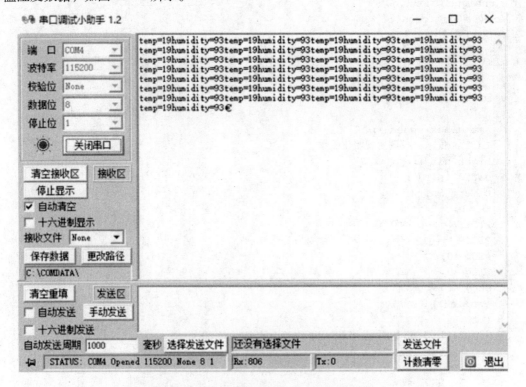

图 10 – 6　串口调试助手显示的温湿度数据

任务26 自定义通信协议

10.2.1 任务环境

(1)硬件：CC2530 开发板 1 块(LED 模块)，CC2530 仿真器，PC 机，串口线，光敏传感器；

(2)软件：IAR-EW8051-8101。

10.2.2 任务分析

进行物联网项目时，底层一般通过单片机采集传感器数据，且控制 LED 或者电机。上行和下传的数据通过应用层、网络层传递给底层的 MCU 芯片，这里将应用层、网络层简单理解成串口调试助手，本任务都是基于串口通信来制定通信协议，可以此扩展为单片机和其他的主控芯片进行串口通信。

本次任务分为 3 部分完成：

(1)通过 CC2530 单片机采集光敏传感器的光照强度值传送给串口调试助手，通过串口调试助手发送一个字节的数据控制一盏 LED 灯的亮灭。

(2)通过 CC2530 单片机仅完成分别控制 2 盏 LED 灯的亮灭。

(3)在上一步分别控制 2 盏 LED 的亮灭情况——数据下行的基础之上，再完善反馈光敏传感器的采集数据——数据上行的部分功能。

10.2.3 任务实施

(1)由于只控制一盏灯的亮灭，因此需要的二进制数位非常少，可以考虑使用一个字节来控制。

通信协议一：一个数据包只包含一个字节(字符)，其中：字符′0′表示熄灭灯；非′0′表示点亮灯；或者字符′1′表示点亮灯；字符非′1′表示熄灭灯；

下面代码表示当从串口调试助手中给单片机开发板 B 发送字符′0′时，LED 灯熄灭，否则点亮。因为在 CC2530 单片机的 C 语言中，一个字符的长度也是 8 位二进制数，1 个字节的长度。

```
//串口头文件:uart.h
#ifndef __UART_H__
#define __UART_H__
extern void uart0_init(void);
extern void uart0_send_byte(char tmp);
extern void uart0_send_str(char * pStr);
#endif
```

```
//光敏传感器头文件: sensor. h
#ifndef __SENSOR_H__
#define __SENSOR_H__
extern   unsigned int readAdc(unsigned char channal);
#endif

//串口 C 文件: uart. c
#include <ioCC2530. h>
void uart0_init(void)
{//USART0 选择 uart 模式,管脚为 P0,波特率为115 200
  PERCFG& = ~0X1;//1 << 0
  P2DIR& = ~(0X3 << 6);//(1 << 7) | (1 << 6);
  P0SEL | = (0X3 << 2);//(1 << 3) | (1 << 2);
  U0CSR = (1 << 7) | (1 << 6);
  U0GCR | =11;
  U0BAUD | =216;
  UTX0IF =1;
  URX0IF =0;
  URX0IE =1;
}
void uart0_send_byte(char tmp)
{
      while(UTX0IF = =0);//UTX0IF =0 deng;1
      UTX0IF =0;
      U0DBUF =tmp;
}
void uart0_send_str(char * pStr)
{
  while(* pStr! =0)
  {
    uart0_send_byte(* pStr + +);
  }
}
#pragma vector =0x13
__interrupt void uart0_receive_isr(void)
{
  if(U0DBUF = ='0')
    P1_0 =0;
  else P1_0 =1;
}
```

```c
//光敏传感器 C 文件: sensor. c
#include <ioCC2530. h>
unsigned int readAdc(unsigned char channal)
{
        unsigned int value ;
        APCFG | = 1 << channal ;
        ADCIF = 0 ;
        ADCCON3 = channal | (3 <<4);
        while ( !ADCIF ) ;
        value = ADCL;
        value | = ((unsigned int) ADCH) << 8 ;
        value > > =2;
        return value;
}


//main. c
#include <ioCC2530. h>
#include "uart. h"
#include "sensor. h"
#include <stdio. h>
void set_clock_speed()
{
  CLKCONCMD& = ~ (1 <<6);
  while(CLKCONSTA&(1 <<6));
  CLKCONCMD& = ~0X7;
}
void delay(unsigned int count)
{
  unsigned int i,j;
  for(i =0;i <count;i + +)
      for(j =0;j <1174;j + +);
}
void InitLed()
{
  P1DIR | =0X01;
  P1SEL& = ~0X01;
}
void main()
{
  char str[16];
  set_clock_speed();
```

```
   uart0_init();
InitLed();
  uart0_send_str("CC2530 adc experiment begin!\r\n");
  EA=1;
  while (1)
  {
  unsigned int AvgValue = 0;
   AvgValue = readAdc(5);
   sprintf(str, "%d\n", AvgValue);
   uart0_send_str(str);
  delay(3000);
  }
}
```

上述通信协议在串口接收中断函数中体现。当串口接收到内容，就会进入中断，判断内容是否为字符'0'，若是字符'0'则熄灭 LED，否则点亮。如图 10 - 7 所示，串口除了可以接收控制 LED 亮灭的字符，还会每相隔一段时间发送光敏电阻的 ADC 采集数值，当人为改变光照强度时会发现相关数值也会变化。因为发送的是字符'0'，所以发送时不能将发送方的"十六进制发送"的选项打勾。

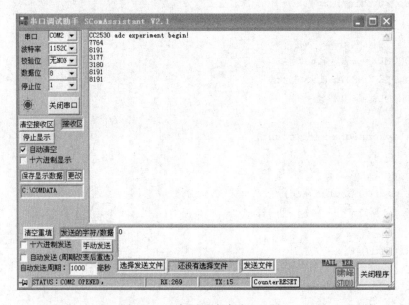

图 10 - 7   串口调试助手显示图 1

试将上述代码下载到开发板 B 中，观察串口调试助手中反馈采集的光照强度数值，并通过串口调试助手发送字符，观察 LED 灯的亮灭。

问题：若此时有两盏灯需要控制，通信协议如何制定？使用 1 个字节还是 2 个字节？请尝试编写代码。

通信协议二：一个数据包只包含一个字节(8位二进制数或者2位十六进制数)，其中：字节0x00表示熄灭灯；非0x00表示点亮灯；或者字节0x00表示点亮灯；字节非0x00表示熄灭灯；

下面代码表示当从串口调试助手中给单片机开发板B发送字节0x00时，LED灯熄灭，否则点亮，其余代码部分一致，在串口接收中断部分有差别，如下：

```
#pragma vector=0x13
__interrupt void uart0_receive_isr(void)
{
  if(U0DBUF==0)
  P1_0=0;
  else P1_0=1;
}
```

如图10-8所示，与上一个代码不相同的地方是，在发送控制字节时需要将发送方的"十六进制发送"的选项打勾，这样发送的不是字符，而是十六进制数据0x00。

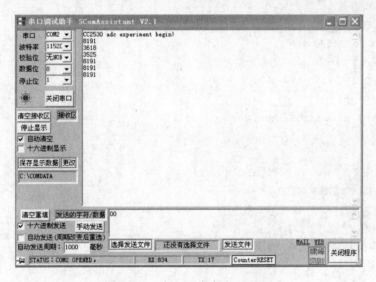

图10-8 串口调试助手显示图2

(2)任务内容需要单独控制2盏LED灯的亮灭，并按需求采集发送光敏传感器的采集参数。

通信协议三：完整的数据包

CC2530串口和上位机通信的协议——数据帧格式如下：

SOF	CMD	LEN	DATA
1 byte	1 byte	1 byte	0～256 byte

SOF（start of frame）：这个值固定为0xAA，标志一帧数据的开始；

CMD（command）：此域包含 1 byte 命令，对 LED 的操作该值为 0x01；对 ADC 的操作该值为 0x02；

LEN：DATA 的长度，对 LED 的操作该值为 0x02；对 ADC 该值为 0x02；

DATA：对 LED 的操作：1 字节灯的编号 +1 字节亮灭；对 ADC 的操作：2 字节的数据。

由于本任务既需要控制 LED 灯，同时需要控制光敏传感器的数据，我们将该任务分两步来完成，第一步实现控制 2 盏 LED 灯的亮灭，第二步再实现所有的功能。当单片机收到一个数据包时，先检测第一部分 SOF 字节是否为约定好的 0xAA，若是则继续读取数据包后面的字节内容，否则不读取；第二部分命令对象 CMD 字节为 0x01 时表示控制对象是 LED，为 0x02 时表示控制对象是光敏传感器；第三部分表示控制对象的数据长度字节，本任务中都为 0x02；第四部分是由 2 个字节组成的。

（1）在第一步仅实现控制 LED 灯的案例中，第二部分表示命令对象 CMD 只有为 0x01 控制 LED 灯这一种情况，具体代码如下：

```
//LED 头文件: led.h
#ifndef __LED_H__
#define __LED_H__
#include <ioCC2530.h>
#define LED_1 P1_0
#define LED_2 P1_1
void InitIO(void);
void controllerLed(char num,char value);
#endif

//串口通信头文件: uartTalkWithPC.h
#ifndef __UART_TALK_WITH_PC_H__
#define __UART_TALK_WITH_PC_H__
/* * * * * * * * * * *
CC2530 串口和上位机通信的协议如下:
数据帧格式如下:
- - - - - - - - - - - - - - - - - - - -
| SOF   | CMD   | LEN   | DATA       |
- - - - - - - - - - - - - - - - - - - -
|1 byte | 1 byte | 1 byte |  0 ~256 byte |
- - - - - - - - - - - - - - - - - - - -
SOF (start of frame): 这个值固定为 0xAA,标志一帧数据的开始
CMD ( command):此域包含 1 byte 命令,对于 LED 的操作该值为 0x01
LEN: 为 DATA 的长度,对于 LED 的操作该值为 0x02
DATA:对于 LED 的操作,1 字节灯的编号 +1 字节亮度
* * * * * * * * * * * * * */
#define SOF_BYTE 0xAA
```

```
#define CMD_LED 0X01
#define LEN_LED_OP 0X02
/* * * * * * * * * * * * *
功函数能: 串口通信初始化
参数说明:
(1)uart_num:0:uart0 - - - -P0
            1:uart1 - - - -P1
返回值:无
* * * * * * * * * * * * * * /
void uart_talk_init(char uart_num);
/* * * * * * * * * * * * *
功函数能:从串口接收一帧数据
参数说明:
(1)buf:保存接收数据缓冲区指针;
(2)lenght:接收缓冲区的最大长度
返回值:
>0:成功接收的字节数;
=0:接收缓冲区长度 length 太小
-1:其他错误
* * * * * * * * * * * * * * /
char uart_talk_receive(char * buf,char length);
/* * * * * * * * * * * * *
功函数能:从串口发送一帧数据
参数说明:
(1)buf:发送数据缓冲区指针;
(2)lenght:发送数据的字节数
返回值:
>0:成功发送的字节数;
<0:发送失败
* * * * * * * * * * * * * * /
char uart_talk_send(char * buf,char length);
void uart_send_str(char * p);
#endif


//LED 函数的 C 文件:led.c
#include <ioCC2530.h>
#include "led.h"
void InitIO(void)
{
    P1DIR |= 0x3;   // 定义 P10、P11 为输出
    LED_1 = 0;       // 低电平有效,熄灯
```

```
      LED_2 = 0;
}
void controllerLed(char num,char value)
{
  if(num = =1)
    {
      LED_1 = value?1:0;
    }
  else if(num = =2)
    {
      LED_2 = value?1:0;
    }
  else if(num = =0xff)
   {
      LED_1 = value?1:0;
      LED_2 = value?1:0;
   }
}


//串口通信C文件:uartTalkWithPC.c
#include "uartTalkWithPC.h"
#include "ioCC2530.h"
static char uart_number;
static void set_clock_speed();
/* * * * * * * * * * * * * *
功函数能:串口通信初始化
参数说明:
(1)uart_num:0:uart0 - - - - P0
             1:uart1 - - - - P1
返回值:无
* * * * * * * * * * * * * * * /
void uart_talk_init(char uart_num)
{
  set_clock_speed();
  if(uart_num = =0)
  {
  //USART0选择uart模式,管脚为P0,波特率为115 200
    PERCFG& = ~0X1;
    P2DIR& = ~ (0X3 << 6);
    P0SEL | = (0X3 << 2);
    U0CSR = (1 << 7) | (1 << 6);
```

```
      U0UCR =1 <<1;
      U0GCR =11;
      U0BAUD =216;
      U0CSR& = ~ (1 <<1);
    }
  else
  {
    //USART1 选择 uart 模式,管脚为 P1,波特率为 115 200
    PERCFG | =1 <<1;
    P2SEL = (P2SEL& ~ (0X3 <<5)) | (0X2 <<5);
    P1SEL | = (0X3 <<6);
    U1CSR = (1 <<7) | (1 <<6);
    U1UCR =1 <<1;
    U1GCR =11;
    U1BAUD =216;
    U1CSR& = ~ (1 <<1);
    }
  uart_number =uart_num;
}
/* * * * * * * * * * * * *
```
函数功能: 从串口接收一个字节
```
* * * * * * * * * * * * * /
static char uart_receive_byte()
{
  if(uart_number = =0)
  {
    while((U0CSR&(1 <<2)) = =0);
    return U0DBUF;
  }
  else
  {
    while((U1CSR&(1 <<2)) = =0);
    return U1DBUF;
  }
}
/* * * * * * * * * * * * * *
```
函数功能: 从串口接收一帧数据

参数说明:

(1)buf:保存接收数据缓冲区指针;

(2)lenght:接收缓冲区的最大长度

返回值:

```
>0:成功接收的字节数;
=0:接收缓冲区长度 length 太小
-1:其他错误
* * * * * * * * * * * * * * /
char uart_talk_receive(char * buf,char length)
{
    char cmd,len;
    int i;
    while(uart_receive_byte()!=SOF_BYTE);
    cmd=uart_receive_byte();
    len=uart_receive_byte();
    if(length<len+2) return 0;
    buf[0]=cmd;
    buf[1]=len;
    for(i=0;i<len;i++)//接收数据帧的 DATA 域
     {
        buf[i+2]=uart_receive_byte();
     }
    return len+2;
}
static void uart_send_byte(char tmp)
{
    if(uart_number==0)
    {
        U0DBUF=tmp;
        while((U0CSR&(1<<1))==0);
        U0CSR&=~(1<<1);
    }
    else
    {
        U1DBUF=tmp;
        while((U1CSR&(1<<1))==0);
        U1CSR&=~(1<<1);
    }
}
/* * * * * * * * * * * * * *
```

函数功能:从串口接收数据

参数说明:

(1)buf:发送数据缓冲区指针;

(2)lenght:发送数据的字节数

返回值:

\>0:成功发送的字节数;

<0:发送失败

```
* * * * * * * * * * * * * * /
char uart_talk_send(char * buf,char length)
{
  char i;
  uart_send_byte(SOF_BYTE);
  for(i=0;i<length;i++)
  {
    uart_send_byte(buf[i]);
  }
  return length;
}
void uart_send_str(char * p)
{
    while(* p!=0)
    {
      uart_send_byte(* p);
      p++;
    }
}
void set_clock_speed()
{
  CLKCONCMD&=~(1<<6);
  while(CLKCONSTA&(1<<6));
  CLKCONCMD&=~0X7;
}


//main.c
#include "uartTalkWithPC.h"
#include "led.h"
/* * * * * * * *
实现了串口调试助手的二进制发送的 ECHO
* * * * * * * /
void main()
{
  char buf[10];
  char count;
  uart_talk_init(0);
  InitIO();
  uart_send_str("Hello,young man!\ r\ n");
```

```
while(1)
{
  count = uart_talk_receive(buf,10);
  if(count > 0)
  {
    if(buf[0] == CMD_LED)
    {
      if(buf[1] >= LEN_LED_OP)
      {
        char num = buf[2];
        char value = buf[3];
        controllerLed(num,value);
      }
    }
    uart_talk_send(buf,count);
  }
}
```

将上述代码编译下载进开发板 B，如图 10 – 9 所示，从串口调试助手中输入 0xAA01020111 表示控制第一盏 LED 灯点亮；输入 0xAA01020100 表示控制第一盏 LED 灯熄灭；输入 0xAA01020201 表示控制第二盏 LED 灯点亮；输入 0xAA01020200 表示控制第二盏 LED 灯熄灭。

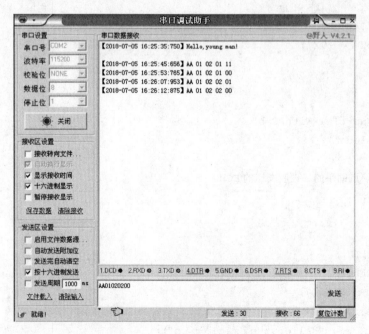

图 10 – 9　串口调试助手显示图 3

（2）在上步基础之上，控制 LED 灯的同时控制光敏传感器数据。第一部分 SOF 字节仍然是约定好的 0xAA；第二部分命令对象 CMD 字节为 0x01 时表示控制对象是 LED，为 0x02 时表示控制对象是光敏传感器；第三、四部分仍然分别表示长度和数据。本步代码中 led. h、uartTalkWithPC. c、led. c 和上步中的代码一样，其他相异部分代码如下：

```
//time1. h
#ifndef __TIME1_H__
#define __TIME1_H__
void InitTime(void);
__interrupt void T1_ISR(void);
#endif


//sensor. h
#ifndef __SENSOR_H__
#define __SENSOR_H__
unsigned int readAdc(char channal);
void sendAdcValue(unsigned int value);
#endif


//uartTalkWithPC. h
#ifndef __UART_TALK_WITH_PC_H__
#define __UART_TALK_WITH_PC_H__
/* * * * * * * * * * *
CC2530 串口和上位机通信的协议如下:
数据帧格式如下:
- - - - - - - - - - - - - - - - - - - -
| SOF    | CMD    | LEN    |   DATA    |
- - - - - - - - - - - - - - - - - - - -
|1 byte | 1 byte | 1 byte |   0 ~256 byte |
- - - - - - - - - - - - - - - - - - - -
SOF (start of frame): 这个值固定为 0xAA, 标志一帧数据的开始
CMD ( command):此域包含 1 byte 命令,对于 LED 的操作该值为 0x01; 对于 ADC 的
操作该值为 0x02
LEN: 为 DATA 的长度,对于 LED 的操作该值为 0x02; 对于 ADC 的操作该值为 0x02
DATA:对于 LED 的操作:1 字节灯的编号 +1 字节亮度; 对于 ADC 的操作:2 字节的数据
* * * * * * * * * * * * */
#define SOF_BYTE 0xAA
#define CMD_LED 0x01
#define CMD_ADC_SEND 0x02
#define LEN_LED_OP 0x02
#define LEN_ADC_SEND_OP 0x02
```

```
/* * * * * * * * * * * * *
函数功能:串口通信初始化
参数说明:
(1)uart_num:0:uart0 - - - -p0
          1:uart1 - - - -p1
返回值:无
* * * * * * * * * * * * * /
void uart_talk_init(char uart_num);


/* * * * * * * * * * * * *
函数功能:从串口接收一帧数据
参数说明:
(1)buf:保存接收数据缓冲区指针;
(2)lenght:接收缓冲区的最大长度
返回值:
>0:成功接收的字节数;
=0:接收缓冲区长度 length 太小
-1:其他错误
* * * * * * * * * * * * * /
char uart_talk_receive(char * buf,char length);


/* * * * * * * * * * * * *
函数功能:从串口发送一帧数据
参数说明:
(1)buf:发送数据缓冲区指针;
(2)lenght:发送数据的字节数
返回值:
>0:成功发送的字节数;
<0:发送失败
* * * * * * * * * * * * * /
char uart_talk_send(char * buf,char length);
void uart_send_str(char * p);
#endif


//time1.c
#include <ioCC2530.h>
#include "time1.h"
#include "sensor.h"
#include "stdio.h"
unsigned int value ;
unsigned int counter =0;//统计溢出次数
```

```c
void InitTime(void)
{
  T1IE =1;
  T1CTL = 0x09;//1001;T1 为 32 分频;自动运行模式;约 3.2768 s
}
#pragma vector = T1_VECTOR
__interrupt void T1_ISR(void)
{
  IRCON& = ~(1 <<1);//清中断标志
  if(counter <50)
          counter + +;
  else
    {
        counter =0;
          value = readAdc('5');
          sendAdcValue(value);
    }
}


//sensor. c
#include <ioCC2530.h>
#include "sensor.h"
#include "uartTalkWithPC.h"
unsigned int readAdc(char channal)
{
        unsigned int value ;
        APCFG | = 1 << channal ;
        ADCIF = 0 ;
        ADCCON3 = channal | (3 <<4);
      while ( !ADCIF ) ;
        value = ADCL;
        value | = ((unsigned int) ADCH) << 8 ;
        value > > =2;
        return value;
}
void sendAdcValue(unsigned int value)
{
    char buf[4];
    buf[0] =CMD_ADC_SEND;
    buf[1] =LEN_ADC_SEND_OP;
    buf[2] =value&0xff;
```

```
        buf[3] = (value > >8)&0xff;//小端存储:较低的有效字节存放在较低的存储器
                                    //地址,较高的字节存放在较高的存储器地址
     uart_talk_send(buf,4);
}


//main. c
#include "ioCC2530. h"
#include "uartTalkWithPC. h"
#include "led. h"
#include "stdio. h"
#include "sensor. h"
#include "time1. h"
/* * * * * * * *
实现了串口调试助手的二进制发送的 ECHO
* * * * * * * /
void set_clock_speed()
{
  CLKCONCMD& = ~ (1 << 6);
  while(CLKCONSTA&(1 << 6));
  CLKCONCMD& = ~0x7;
}
void main()
{
  char buf[10];
  char count;
  set_clock_speed();
  uart_talk_init(0);
  InitLEDIO();
  InitTime();
  uart_send_str("Hello,young man! \ r \ n");
  EA = 1;
  while(1)
  {
    count = uart_talk_receive(buf,10);
    if(count > 0)
    {
      if(buf[0] = = CMD_LED)
      {
        if(buf[1] > = LEN_LED_OP)
        {
          char num = buf[2];
          char value = buf[3];
          controllerLed(num,value);
        }
      }
    }
  }
}
```

将上述代码编译下载，从串口调试助手中可以观察到如图 10－10 所示的界面，显示的十六进制数据为 0xAA0202FF1F，表示显示的是光敏传感器的 2 个字节的数据内容，数据为 0xFF1F。因为是小端存放，所以真实数据为 0x1FFF 对应的十进制数为 8191。

图 10－10　串口调试助手显示图 4

思考：自定义通信协议实现采集两个不同的传感器数据，控制两盏 LED 灯。

☞ **项目总结**

(1)熟悉采集多个传感器数据、多个单片机进行串口通信的编程要点；
(2)理解综合应用项目的整体框图及数据流向；
(3)理解自定义通信协议的必要性；
(4)熟悉如何自定义上行/下行通信协议。

附 录

附录 A CC2530 中断控制图

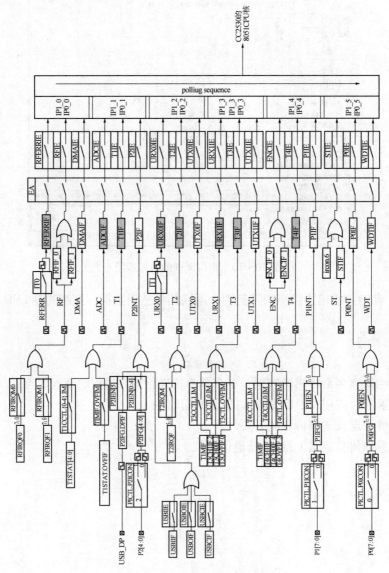

图 A – 1 CC2530 中断控制图

说明：①带阴影的标志位会由硬件清除；
②当有多个中断同时向 CPU 请求时将进行优先级排队，得到第一名的将会
得到中断响应，多个第一名则按顺序轮询。

附录 B　CC2530 外设 IO 引脚映射

表 B-1　CC2530 外设 IO 引脚映射

外设/功能	P0								P1								P2				
	7	6	5	4	3	2	1	0	7	6	5	4	3	2	1	0	4	3	2	1	0
ADC	A7	A6	A5	A4	A3	A2	A1	A0													T
USART0_SP1			C	SS	MO	MI															
Alt2											MO	MI	C	SS							
USART0_UART			RT	CT	TX	RX															
Alt2											TX	RX	RT	CT							
USART1_SP1			MI	MO	C	SS															
Alt2											MI	MO	C	SS							
USART1_UART			RX	TX	RT	CT															
Alt2											RX	TX	RT	CT							
TIMER1 Alt2		4	3	2	1	0															
	3	4												0	1	2					
TIMER3 Alt2												1	0								
				1	0																
TIMER4 Alt2															1	0					
																		1			0
32 kHz XOSC																	Q1	Q2			
DEBUG																			DC	DD	

263

附录 C   CC2530 核心板原理图

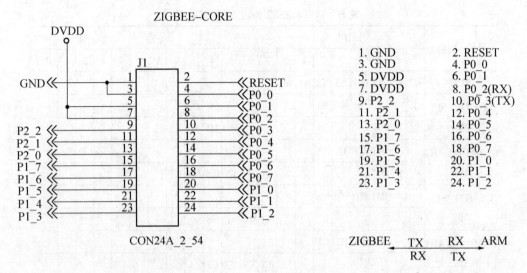

ZIGBEE-CORE

DVDD

GND

J1

1	2	RESET
3	4	P0_0
5	6	P0_1
7	8	P0_2
9	10	P0_3
11	12	P0_4
13	14	P0_5
15	16	P0_6
17	18	P0_7
19	20	P1_0
21	22	P1_1
23	24	P1_2

P2_2
P2_1
P2_0
P1_7
P1_6
P1_5
P1_4
P1_3

CON24A_2_54

1. GND   2. RESET
3. GND   4. P0_0
5. DVDD   6. P0_1
7. DVDD   8. P0_2(RX)
9. P2_2   10. P0_3(TX)
11. P2_1   12. P0_4
13. P2_0   14. P0_5
15. P1_7   16. P0_6
17. P1_6   18. P0_7
19. P1_5   20. P1_0
21. P1_4   22. P1_1
23. P1_3   24. P1_2

ZIGBEE   TX   RX   ARM
          RX   TX

图 C-1 核心板原理图 1

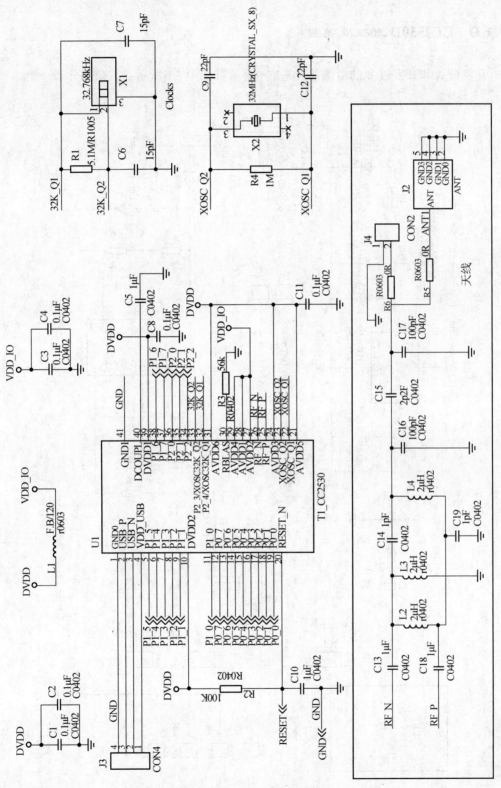

图 C-2　核心板原理图 2

附录 D CC2530D 底板原理图

开发板 A 和开发板 B 的电源部分基本一样,如图 D-1 所示,其余部分不一样。

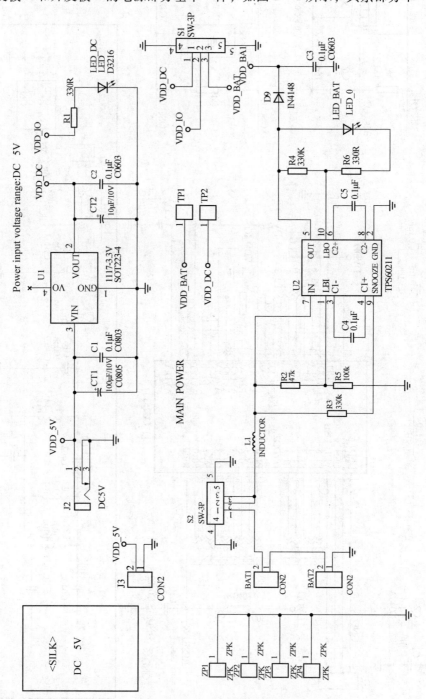

图 D-1 底板电池部分原理图

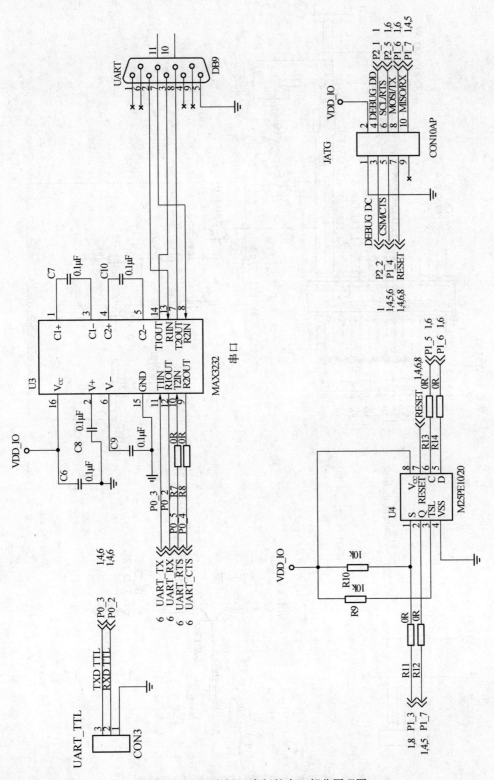

图 D-2　开发板 A 底板的串口部分原理图

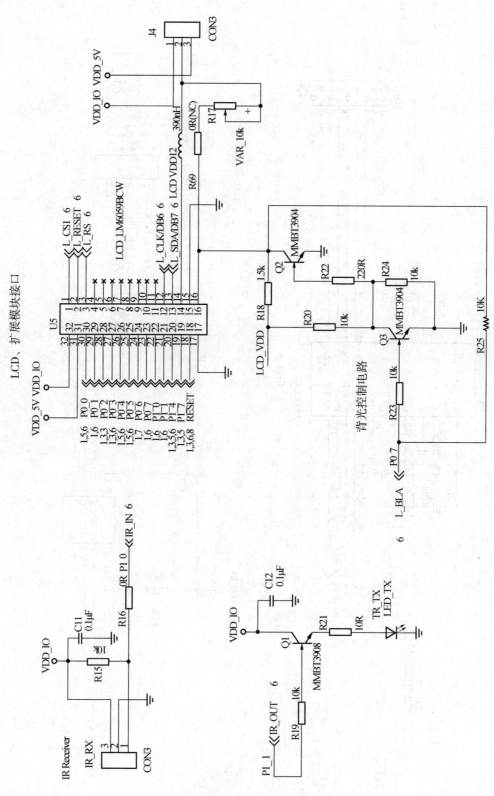

图 D-3　开发板 A 底板的 LCD 扩展部分原理图

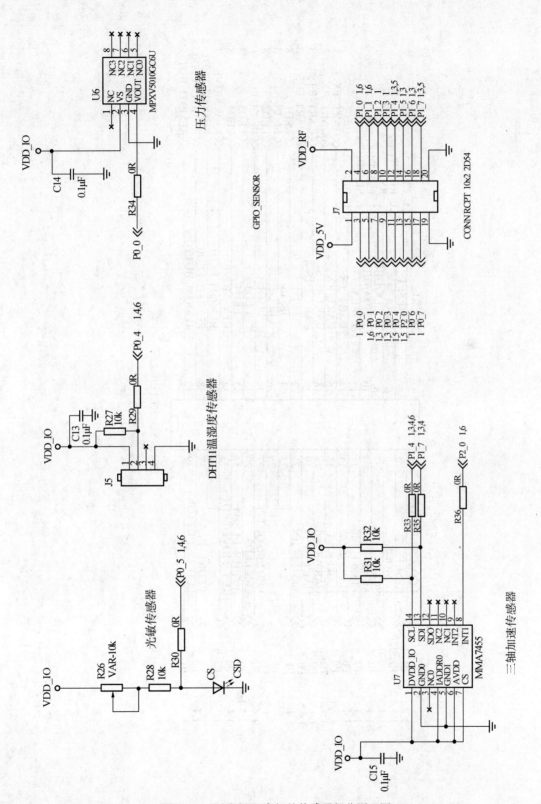

图 D-4 开发板 A 底板的传感器部分原理图

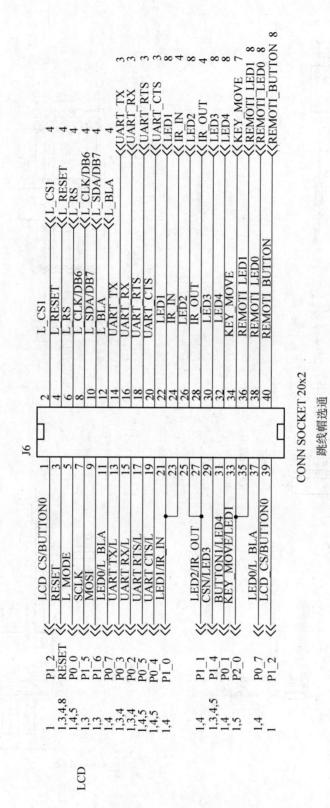

图 D-5　开发板 A 底板的 LCD 跳帽部分原理图

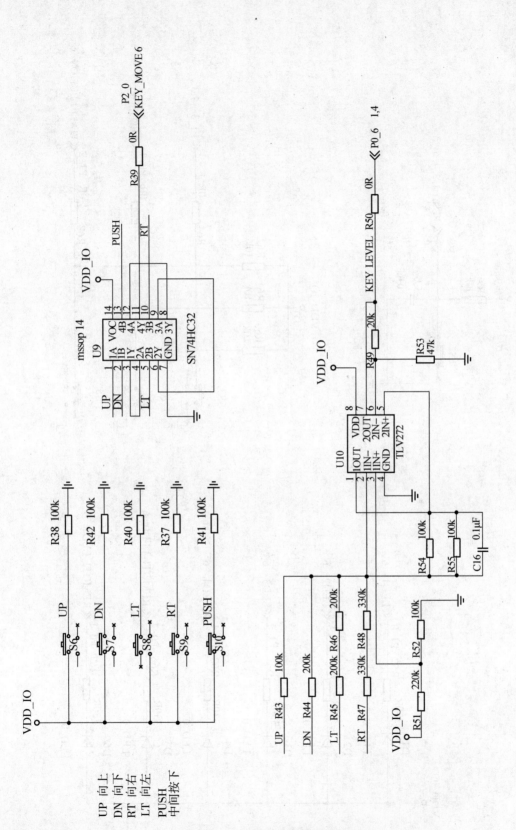

图 D-6　开发板 A 底板部分原理图

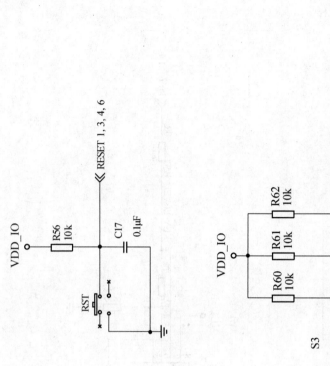

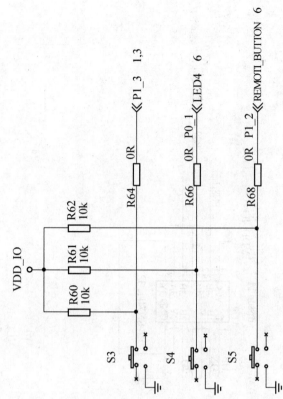

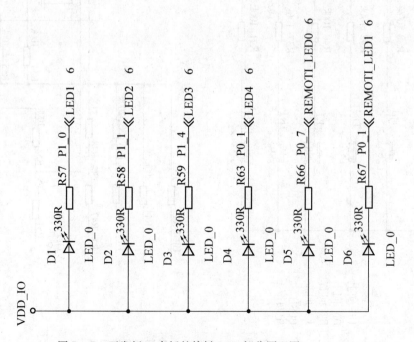

图 D-7　开发板 A 底板的按键 LED 部分原理图

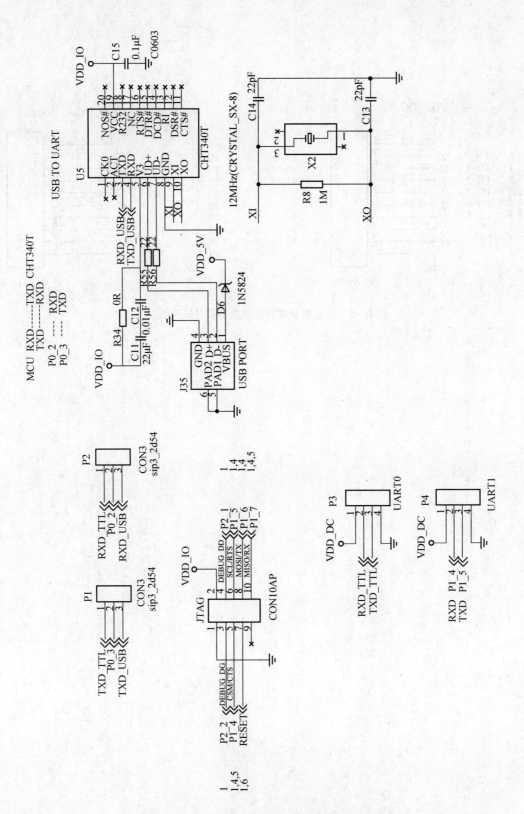

图 D-8　开发板 B 底板的按键串口部分原理图

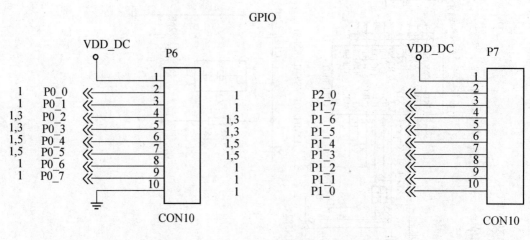

GPIO

图 D-9　开发板 B 底板的连接器部分原理图

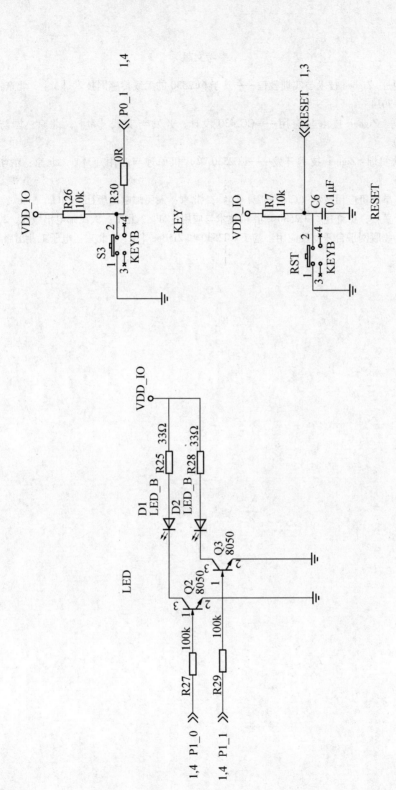

图 D–10 开发板按键 LED 底板的部分原理图

参考文献

［1］姜仲，刘丹 . Zigbee 技术与实训教程——基于 CC2530 的无线传感网技术［M］. 北京：清华大学出版社，2014.

［2］郭渊博等 . Zigbee 技术与应用——CC2430 设计、开发与实践［M］. 北京：国防工业出版社，2010.

［3］QST 青软实训 . Zigbee 技术开发——CC2530 单片机原理与应用［M］. 北京：清华大学出版社，2015.

［4］李文华 . 单片机应用技术（C 语言版）［M］. 北京：人民邮电出版社，2011.

［5］谢金龙，黄权，彭红建 . CC2530 单片机技术与应用［M］. 北京：人民邮电出版社，2018.

［6］廖建尚 . 物联网平台开发及应用：基于 CC2530 和 ZigBee［M］. 北京：电子工业出版社，2016.